Dr. phil. Isabelle Meier ist in eigener Praxis als Analytische Psychologin nach C.G. Jung sowie als Lehranalytikerin, Supervisorin und Dozentin am ISAPZURICH tätig. Sie schloss das C.G. Jung-Institut in Küsnacht 1996 mit vorliegender Thesis über „Theseus, Ariadne und Dionysos. Zur Symbolik des Labyrinths ab.

Copyright © 2014, Isabelle Meier
Imaginatio-Verlag, Zürich, Lulu
Alle Rechte vorbehalten
ISBN 978-1-291-84472-6

Theseus, Ariadne und Dionysos

Zur Symbolik des Labyrinths

Isabelle Meier

Inhaltsverzeichnis

1. EINFÜHRUNG... 7
   Begriffsgeschichte... 10
   Funktion... 12
2. THESEUS UND ARIADNE.. 15
   Theseus: ein griechischer Held............................... 15
   Der Theseus-Mythos:... 16
   Vorgeschichte.. 16
   Vor der Schwelle... 21
   In den Gängen... 22
   Faszinationsursache... 26
   Der Faden der Ariadne... 29
   Im Zentrum... 32
   Reise nach Dia... 38
3. DIONYSOS UND ARIADNE...................................... 43
   Ariadne: liebende Frau und grosse Göttin.............. 43
   Der Stier – das Symbol der Fruchtbarkeit............. 48
   Göttin und Heros im Wandel................................. 52
   Ariadne – die göttliche Königin Kretas.................. 56
   Dionysos – der Gott der Ekstase........................... 60
   Der frühe Dionysos – ein ewiger Jüngling............. 61
   Der spätere Dionysos... 64
4. ZUSAMMENFASSUNG... 71
5. LITERATUR... 79

1. Einführung

Manche Wege im Labyrinth sind lang. Meiner begann 1991, als ich als Journalistin neugierig auf diese Figur wurde, und sie darauf immer stärker in mein Blickfeld rückte.

Im September 1991 schlug ich der Redaktion des "Magazins" des Tages-Anzeigers, einer der größten Zürcher Tageszeitungen, einen Artikel über das Labyrinth vor. Ich hatte schon mehrmals Beiträge in diesem Magazin veröffentlicht, und die Redaktion schien am Thema interessiert zu sein. Zum einen wollte ich die aufkommende Labyrinth- bzw. Irrgartenanlagen in England porträtieren, zum andern dem Frauenlabyrinth auf dem Zürcher Zeughausareal nachgehen.

Meine Fotografin Silvia Voser und ich reisten also eine Woche im Spätsommer in Südengland im Auftrag der Redaktion herum. Wir trafen in dieser sanften englischen, von Rasenhecken umzäunten Landschaft dann aber nicht auf Labyrinthe, sondern auf Irrgarten und Irrgarten, die oft einfach ihrer touristischen Attraktion wegen angelegt wurden. Aus Eiben, Weissdorn und Heckenkirschen wurde manchmal mit viel, manchmal mit weniger Liebe Hecke um Hecke angelegt, damit sich der Besucher oder die Besucherin darin vergnüglich verlaufen konnten. Wir amüsierten uns ebenfalls darin, verliefen uns, liefen in unsere Spiegelbilder hinein – wenn es ein Spiegelirrgarten war – und wurden teilweise wie Kinder, die sich verrannten. Aber innerlich getroffen wurden wir nicht.

In Zürich zurück trafen wir uns mit Agnes Barmettler und Rosemarie Schmied, die gerade daran waren, das Pflanzenlabyrinth Zürich aufzubauen. Sie ließen uns nicht viel Zeit, uns einzugewöhnen, sondern forderten uns geradewegs auf, am folgenden Samstag beim mitternächtlichen Maskentanz mitzumachen. Die Masken wurden von der Objektkünstlerin Margaretha

Dubach zur Verfügung gestellt. Ein bisschen befremdlich war es für mich schon, mich nachts mit meiner Maske inmitten Petersilie und Salbei, inmitten im Weg liegender Zucchetti und hohen Sonnenblumen zu bewegen. Es war dunkel, die Gänge, die die Pflanzen freiließen, waren nur mit Kerzen beleuchtet, sodass ich mich nur mit wenigen Sinnen tastend, riechend und hörend vorwärtsbewegen konnte. Eine Orientierungslosigkeit ergriff mich, zumal ein Art Harfenmusik zusätzlich die Luft erfüllte. Das Ganze verwirrte mich.

Dann der Paukenschlag: Die Redaktion des "Magazins" lehnte meinen daraufhin geschriebenen Artikel ab mit dem Argument: der Inhalt sei zu banal, zu langweilig. Das traf mich heftig, nicht nur, dass mein Artikel zwar finanziert, aber nicht veröffentlicht werden würde, sondern weil es mir nicht gelungen war, das seltsam Anrührige der Figur des Labyrinths der Öffentlichkeit zugänglich zu machen.

Vielleicht war es das falsche Publikum gewesen, vielleicht hatte ich mich auch noch zu wenig mit dem Thema auseinandergesetzt. Jedenfalls: Das Labyrinth ließ mich nicht mehr los. Ich verlegte das Thema aber sicherheitshalber ins Jung-Institut, wo ich auf offenere Ohren stieß.

Im Folgenden werde ich zum einen versuchen, dem komplexen Symbol des Labyrinths gerecht zu werden, indem ich kurz Begriffsgeschichte, Funktion und Symbolhintergrund darstelle. Zum andern werde ich hauptsächlich den antiken Mythos von Theseus, Ariadne und Dionysos, der sich um das Labyrinth rankt, auf seinen symbolischen und seelischen Gehalt hin anschauen und zwar unter dem Aspekt, wie der Individuationsweg für die Bewusstwerdung des Mannes wie der Frau ausgesehen haben mag.

Ich bin mir dabei bewusst, dass ich das Thema nur ungenügend behandeln kann. Der zeitliche Rahmen einer Diplomthesis erlaubte es mir nicht, vertieft wichtige Fragen zu behandeln, zum Beispiel der Frage nachzugehen, wieweit ein Begriff wie "matriarchale Gesellschaft" für das minoische Kreta zutrifft oder nicht, wieweit Frauen in Wirtschaft und Gesellschaft dominierten oder nicht. Ich begrenzte mich in dieser Arbeit auf die Ebene der Mythologie, worin sich ebenfalls weibliche (matriarchale?) Auffassungen von Götter/Göttinnen und Kosmos niederschlugen. Die Frage, die sich mir stellte, war schließlich die, ob und wieweit Mythen aus früheren Zeiten für den weiblichen bzw. männlichen (Individuations-) Weg heute aufschlussreich sein können.

Damit ist das Problem der Diskrepanz zwischen aktuellem Interesse nach Bildern von Frau-Mann-Beziehungen und den historischen Fakten angesprochen. Auf dieses Problem machte die Alttestamentlerin Heldgard Balz-Cochois aufmerksam und auf die daraus entstehende Gefahr, alte Texte fahrlässig für heutige (z.B. therapeutische) Bedürfnisse umzubiegen.[1] Meines Erachtens ist diese Gefahr vorhanden, ich versuche mich dennoch so gut es geht der Wissenschaftlichkeit zu verpflichten.

Der Schwerpunkt dieser Arbeit liegt auf der Deutung antiker Mythen über das Labyrinth. Sie stellt verstärkt den männlichen Individuationsweg ins Blickfeld, über den weiblichen weiß man eher wenig, was sich auch in dieser Arbeit niederschlägt. Er lässt sich manchmal nur indirekt über den männlichen festhalten.

Stark zu Hilfe genommen habe ich das Buch von Erich Neumann über die "Ursprungsgeschichte des Bewusstseins" sowie die verschiedenen Bücher von Karl Kerényi. Grundlage für eine Verknüpfung des mythologischen Stoffes mit symbolisch-seelischen Vorgängen war das Werk von C.G. Jung "Heros und Mutterarchetyp."

---

1 Heldgard Balz-Cochois, Inanna, 1992, S. 17.

Begriffsgeschichte

Da dem Labyrinth eine Fülle von Büchern gewidmet wurden[2,] werde ich mich hier beschränken: Diese Arbeit handelt vom Labyrinth kretischen Typus[3,] also vom siebenumgängigen, sogenannt klassischen Labyrinth, wie es etwa auf knossischen Münzen aus dem IV. und II. Jh. v. Chr. zu sehen ist.

Kretisches (klassisches) Labyrinth[4]

Ich gehe ebenso davon aus, dass diese Form des Labyrinths im Theseus-Ariadne-Mythos gemeint ist und nicht ein irrgängiges, unübersichtliches Werk, auch keine Spirale, keine Doppel-

---

[2] siehe u.a. die Werke von Hermann Kern oder Karl Jaskolski, um nur einige Autoren zu nennen, die den Werdegang des Labyrinths und seine vielfältigen Verwendungsmöglichkeiten nachzeichnen.

[3] Hermann Kern bezeichnete das siebenumgängige Labyrinth als kretisches Labyrinth. Kern, *Labyrinthe*, 1995, S. 43 ff.

[4] Siehe www.wikipedia, Labyrinth. Zuerst in der Edition +Nordisk familjebok zuerst 1876-1899 publiziert (Öffentliche Domäne, erfasst 21. April 2014)

spirale oder ein Mäander, wie einzelne Autoren meinen. Für Kerényi etwa sind Labyrinthe mehr oder weniger einfach spiralförmig: "Jede scheinbar nur rein dekorativ angewandte Spirallinie, für sich hingezeichnet oder als Spiralmäander gestaltet, ist ein Labyrinth ..."[5]

Was aber ist mit dem Begriff "Labyrinth" gemeint? Etymologisch ist das Wort bis heute ungeklärt. Auf jeden Fall heisst *Labyrinthos* nicht *Haus der Doppelaxt* (*Labrys*) wie man früher glaubte. Man weiß lediglich, dass *inthos* keine griechische Endung ist, sondern zu einer Sprache gehörte, die die Griechen bei ihrer Einwanderung (um 1500 v. Chr.) vorfanden.[6]

Eine erste Erwähnung eines Labyrinths findet sich auf einem Tontäfelchen um 1200 v. Chr. in Knossos, auf dem in Linear B-Schrift steht: "Ein Honigtopf für alle Götter, ein Honigtopf für die Herrin des Labyrinths."[7] Eine etruskische Kanne von Tragliatella zeigt die labyrinthische Form im 7. Jh. v. Chr. und Homer beschreibt einen Tanzplatz, den *Dädalus* in Knossos der *Ariadne* hergerichtet habe.[8] Das sind die ältesten Zeugnisse des Labyrinths.

Der bekannte Labyrinthforscher Hermann Kern geht davon aus, dass der Entstehungsort des Labyrinths Kreta war.[9] Aber das Labyrinth war nicht nur im griechischen Raum als archetypische Erfahrung und Ausdruck seelischer Bedürfnisse bekannt,

---

[5] Karl Kerényi, *Labyrinth-Studien*, 1950, S. 13. Zwischen Irrgarten und Labyrinth trennten bereits die antiken Geschichtsschreiber nicht genau, wie etwa der Grieche Herodot, der das Haus des Dädalos (= Labyrinth des Minotauros) als "Haus der tausend Gänge" beschrieb. Auch die attischen Vasenmaler verwendeten Mäander und Spirale neben dem Labyrinth, um das Haus des Minotauros anzuzeigen.
[6] Hermann Kern, *Labyrinthe*, 1995, S. 17.
[7] Hermann Kern, *ebenda*, S. 17.
[8] Karl Kerényi, *Labyrinth-Studien*, 1950. S. 37.
[9] Hermann Kern, *Labyrinthe*, 1995, S. 21.

sondern auch in anderen Kulturen, so in Skandinavien, bei den Hopi-Indianern, auf Java, Sumatra oder Indien.

Ich möchte mich nun nicht stärker in historischen Angaben verlieren, sondern der Frage nachgehen, welches Symbol das Labyrinth darstellt und welchen seelischen Aspekten diese Form entspricht, wenngleich der Bezug zur Historie ab und zu nicht fehlen darf.

Was ist ein Labyrinth?

Es stellt eine runde oder rechteckige oder vieleckige geometrische Figur als System von Linien dar, die dadurch einen Weg bilden, der ohne Aus-weichmöglichkeiten um ein Zentrum herum pendelt. Der Weg wechselt immer wieder die Richtung, füllt bei einem Maximum an Umweg einen ganzen Raum aus und führt den Durchschreitenden oder Durchtanzenden wiederholt am erstrebten Zentrum vorbei. Wer dort angelangt ist, muss sich um 180 Grad drehen, um den gleichen Weg wieder herauskommen zu können. Der Weg beginnt zuerst linksläufig (links ist die Todesrichtung, gegen die Sonnenbewegung), geht dann nach der erreichten Mitte rechtsläufig weiter. Das Labyrinth bietet also keinen geradlinigen Weg zu einem Ziel hin, sondern einen Umweg. Er führt in sieben Windungen von links nach rechts, von hinein nach heraus, in ein Zentrum hinein und wieder heraus. Es ist ein "offenes Mandala" (Jaskolski), denn eine Oeffnung führt hinein, eine heraus.

Funktion

Viele Labyrinthe sind in Geschichten oder auf Zeichnungen, auf Münzen, auf einem Platz oder als architektonische Figur in einer Höhle vorhanden. Doch mit welcher Funktion? Nach Kerényi ist es aufgrund der keilschriftlichen Texte sicher, dass die Labyrinthe Darstellungen der Eingeweide von Opfertieren zeigen, aus denen geweissagt wurde. In der Figur des Labyrinths erblickte man den "Palast der Eingeweide" (*êkal tirâni*), die Unterwelt wurde ebenfalls als "Palast der Eingeweide" betrachtet. Unterwelt und Gedärme gleichzeitig sind im Bild des Gegners von *Gilgamesch*, bei *Humbaba* vorhanden, der in einem Zauberwald haust, dessen Gesicht aus lauter Gedärmen besteht und der den Thronsitz der grossen Göttin hütet[10].

Aber die Funktionen sind vielfältig. Zusammenfassend kann man mit der Jungianerin Silvia Senensky sagen: Symbolisch gesehen ist es

- eine Karte eines Weges
- ein Temenos
- ein Initiationsprozess mit Geburt, Tod und Wiedergeburt
- der Körper der Grossen Mutter, der Grossen Göttin
- ein Zentrum, ein Mandala
- ein Tanz
- ein Modell, wie die psychische Energie fliesst
- eine Bewegung der Schlange
- eine Bewegung der inneren Körperorgane[11]

Diesen vielfältigen Funktionen werde ich im Folgenden genauer nachgehen.

---

[10] Karl Kerényi, *Labyrinthstudien*, 1950, S. 13f.
[11] Silvia Senensky, *The Labyrinth*, 1994, S. 22ff.

2. Theseus und Ariadne

Theseus: ein griechischer Held
Die vorliegende Theseussage ist nach und nach im Laufe der Jahrhunderte entstanden. Unzählige Erzähltraditionen wurden miteinander verwoben, einzelne Elemente aus der minoischen Kultur in die mykenische hineingenommen und über die Jahrtausende hinweg so verwandelt, dass mit der Zeit die berühmte Nationalgeschichte über *Theseus* daraus entstand. Über keinen anderen Helden der Antike wurden dermaßen viele Geschichten erzählt. Wieweit Theseus tatsächlich eine historische Figur war, ist umstritten, die schriftliche Erzählweise der Griechen entstand ja erst nach dem 8.Jh. v. Chr., unter anderem mit Hesiod und Homer.

An dieser Stelle möchte ich ganz kurz auf den historischen Hintergrund eingehen. Athen übernahm um die Mitte des 1. Jahrtausends v. Chr. die Vorherrschaft über den Mittelmeer-Raum und löste die kretisch-minoische Kultur ab, begünstigt durch Erdbeben und Flutwellen, die die minoische Flotte damals vernichteten. Eine minoische Hegemonie bestand nämlich in der Ägäis zwischen 2000 und 1400 v. Chr. und beruhte auf der Überlegenheit gerade dieser Flotte. Das spiegelte sich in der kulturellen Welt, in Sagen und Mythen, wider. Nachher war Athen nicht mehr zu Tributen und zu Steuern verpflichtet, die Machtverhältnisse hatten sich gerade umgekehrt. Der griechische Mythos zeigt dies insofern, als der Athener Theseus einen kretischen Königssohn erschlägt, die kretische Königstochter Ariadne mit sich nimmt und selber König in Athen wird. Der Minotaurus wird in diesem Mythos ein menschenfressendes, aus perversen Praktiken (Sodomie) entstandenes Biest, im kretischen hingegen ist er ein Priester, der mit der Göttin die heilige Hochzeit feiert, wie wir noch sehen werden.

Der Theseus-Mythos ist in diesem Sinne ein nationaler Heldenmythos, der den Ruhm Athens bezweckte mit Theseus als strahlendem, griechischen Helden, der Abenteuer sucht und findet. Der Mythos zeigt aber auch eine Verschiebung des damaligen kollektiven Bewusstseins zu anderen Werten hin, denen es im Folgenden nachzugehen gilt.

Der Theseus-Mythos: [12]
Vorgeschichte

Theseus ist der Sohn der Aithra (Name des Himmelslichtes), die aus der kleinen peloponnesischen Stadt Troizen stammt, und der Sohn des Gottes Poseidon. Die intime Begegnung der Eltern soll im Tempel der Athene selbst stattgefunden haben, zur gleichen Zeit, in der der Vater von Aithra, der weise Pittheus, König Aigeus mit seiner Tochter schlafen lässt. Am anderen Morgen hinterlässt Aigeus bei Aithra sein Schwert und seine Sandalen und wälzt diese unter einen mächtigen Stein. Zu Aithra gewandt erklärt er, wenn sie einen Sohn gebären sollte und dieser so stark werde, dass er den Stein wegwälzen könne, so solle er mit beiden Sachen nach Athen kommen. Daran werde er seinen Sohn erkennen.

Zum mythologischen Kanon des Heldenkampfes gehört, dass einer der beiden Eltern oder beide göttlich sind[13.] Das göttliche Kind - Theseus - hat somit zwei Elternpaare; menschliche (*Aithra* und *Aigeus*) und göttliche (*Aithra* und *Poseidon*) und gehört insofern zwei Welten an. Anders gesagt: In ihm kommen beide Welten zusammen, das Göttliche kann sich dadurch ins Leben inkar-

---

[12] Folgender Mythos ist eine Zusammenfassung aus Robert von Ranke-Graves; *Griechische Mythologie*, 1987, S. 293-316, aus Gerhard Fink; *Who's who in der anktiken Mythologie*, 1993,S. 297-299, und Kerényi; *Die Mythologie der Griechen*,1987, S. 174-196.
[13] Erich Neumann, *Ursprungsgeschichte des Bewusstseins*, 1949, S. 149.

nieren und so dieses Leben grundlegend ändern. Zum göttlichen Kind gehört aber die ständige Bedrohung.

Nicht nur Theseus ist übrigens ein Sohn einer sterblichen Mutter und eines unsterblichen Gottes, auch *Dionysos, Buddha, Zoroaster* etc. Der Held erlebt sich damit als erhöht, als inspiriert, als außergewöhnlich. *Poseidon,* der Gott des Meeres, der Gott der Emotionen, steht also als archetypische Kraft Pate bei Theseus.

Theseus wächst bei Aithra und Pittheus auf und erweist sich schon bald als starker, furchtloser Junge. Gegen Ende seiner Knabenjahre pilgert er wie alle Knaben nach Delphi, um sein Haar Apollon zu opfern, doch lässt er sich nur die Locken um die Stirn abschneiden. Der 16jährige wirft sodann den Felsen um, unter dem Schwert und Sandalen seines Vaters liegen und bindet sie an.

Auf einer Vasenmalerei sieht man wie der übermütige, bartlose Jüngling (das der Nachwelt bleibende Bild) das Schwert gegen seine Mutter erhebt.

Carola Meier-Seethaler vermutet, dass in früheren "matrizentrischen" Zeiten dem jeweiligen Sohngeliebten der Göttin vor seinem Tod das Haar geschoren wurde[14]. Reste davon blieben mutmasslich im Apollonkult erhalten. Theseus wehrt sich also, er will sein Haar behalten. Wer sein Haar behalten konnte, der galt damals als unsterblich. Weiter mussten verschiedene Könige ihr Schwert unter oder aus einem Felsen hervorziehen: *Odin, Galahad* oder *Artus.* Von Ranke-Graves vermutet zudem, dass Zeus und Theseus früher abwechslungsweise Namen von heiligen Königen gewesen waren, die am Altar gekrönt wurden und Waffen

---

[14] Ich verwende hier die Begrifflichkeit von Carola Meier-Seethaler (*Ursprünge und Befreiungen,* 1988, S. 147f.), die das alte Kreta bis zum 2. Jahrtausend v. Chrs. zu den matrizentrischen Hochkulturen zählt. Diese Kultur begann nach ihr während der Jungsteinzeit mit Catal Hüyük. Sie kannte weibliche Formen der sozialen Organisation, der Kultur und der Religion. Wichtigstes Kennzeichen war der Kult der Grossen Göttin mit ihrem Sohngeliebten.

von einer Göttin erhielten. In Hatatos gibt es einen Felsen, in den ein riesiges Schwert mit Löwengriff gerammt ist. Dieser Felsen heißt "Altar des starken Zeus" oder auch "Fels des Theseus"[15]. Hinter der solaren Heldengestalt des Theseus steht also auch Zeus. Das Schwert wiederum symbolisiert Entscheidungsfähigkeit, Entschlossenheit, differenzierendes Bewusstsein.

Auf diesem Weg begegnet Theseus in der Tat manchen Gefahren, vom eisernen Keulenmann, dem Fichtenbeuger, der todbringenden, riesigen Sau, über die zerrreissende Meeresschildkröte, dem geschwänzten, leidenschaftlichen Ringer bis hin zu Prokustes. In allen Kämpfen beweist Theseus Mut, Intelligenz und Geschicklichkeit. Die sechs Widersacher müssen immer den gleichen Tod erleben, wie sie es ihren Gegner zumuteten. Theseus schlägt sie mit ihren eigenen Waffen. So erreicht er, der oft mit Herakles verglichen wird, Athen, wo er sich zuerst einmal von seinen sechs Morden reinigen lässt.

Theseus wird auf seinem Individuationsweg mit dem dunklen Männlichen in ihm konfrontiert. So wie Gilgamesch *Chuwawa* begegnen musste oder *Parzival* dem *roten Ritter*[16] so begegnet also auch hier Theseus seinen animalischen Seiten. Theseus siegt dabei geschickt über seine Triebe, über die unbewusste, gierige Gewaltseite in ihm, er lässt diese todbringenden Aggressionen in sich selber zurücklaufen, abrollen. Er wendet sich aggressiv von seinen destruktiven Seiten ab.

Dort ist Aigeus inzwischen mit der Zauberin Medeia (Medea) verheiratet, die den König völlig beherrscht und will, dass ihr Sohn dereinst König wird. Sie weiß, dass der Thronfolger in die Stadt gekommen ist. Die Stiefmutter überredet deshalb den ahnungslosen Aigeus, den ruhmreichen Fremden mit dem Giftbecher willkommen zu heißen. Aber Theseus zieht das Schwert des

---

[15] Robert von Ranke-Grawes, *Griechische Mythologie*, 1987, S. 296.
[16] Andreas Schweizer, *Gilgamesch*, 1991, S. 70.

Vaters hervor, sodass der König mit einem Schlag seinen Sohn erkennt. Medeia wird des Landes verwiesen.

Mit anderen Worten: Theseus lässt sich von seiner Stiefmutter Medea, von der furchtbaren Mutter nicht besiegen. Medea will Theseus offen ans Leben, ein negativer Mutterkomplex kommt hier zum Vorschein. Er kann sich ihr gegenüber mithilfe der väterlichen Werte und mithilfe des Vaters retten, aber beim Minotauros wird er auf sich alleine angewiesen sein.

Aigeus versucht, seinen Sohn fast ein wenig einzusperren, damit er sich nicht der Gefahr eines neuen Abenteuers aussetzt. Aber Theseus lässt sich nicht zurückbinden. Er bezwingt den gefährlichen Stier von Marathon, bei dem er von einer gastfreundlichen alten Frau, der Hekaline, Hilfe erhält. Sie bietet ihm in einem starken Gewitter Unterschlupf und bewirtet ihn. Gestärkt zieht er weiter, packt dann den Stier bei den Hörnern, hält mit der Rechten ein Horn nieder, greift mit der Linken in die Nasenlöcher des schnaubenden Tieres und drückt es zu Boden. So zieht er den Stier nach Athen.

Er tötet also an dieser Stelle den Stier noch nicht, wie später den Minotauros und die hilfreiche Frau *Hekaline* hat noch keine Animafunktion wie später Ariadne.

Dieser Stier tötete früher einen Sohn des Königs Minos von Kreta. Darüber erbost zog der damalige Herrscher des Mittelmeeres mit einer Flotte gegen Athen, um seinen Sohn zu rächen. Nachdem er die Athener bezwungen hatte, legte er ihnen als

Steuer auf, alle neun Jahre sieben Jünglinge und sieben Jungfrauen nach Kreta als Opfer des Minotauros zu schicken. Dieser Minotauros war aus der Liebe der kretischen Königin Pasiphaë mit einem Stier entstanden (Man gab ihm auch den Namen

Asterios oder Asterion (=Stern), auf Vasen wurde er oft mit sternübersätem Körper dargestellt.). Als Theseus den marathonischen Stier besiegt hatte, waren bereits achtzehn Jahre vorbei.

Wieder muss die Steuer bezahlt werden. Theseus geht freiwillig mit den Ausgelosten mit, trotz der Bitten seines Vaters (auf Abenteuersuche? Um sich bei den Athenern beliebt zu machen? Aus Mitleid?).

Auf dem Schiff will sich Minos an einer der Jungfrauen vergreifen, aber Theseus fordert ihn heraus. Er sei der Sohn von Poseidon, worauf Minos antwortet, er derjenige von Zeus. Beide fordern von ihren göttlichen Vätern Beweise, worauf Zeus Minos Abstammung mit einem Blitz bestätigt und Poseidon Theseus, der in die Fluten gesprungen ist, um einen von Minos hineingeworfenen Ring wiederzuholen, heil mit dem Ring zum Schiff zurückbringt. In anderen Versionen holt er die Krone der Thetis (Heiratsgeschenk der Aphrodite an die Nereide Thetis) hervor. Darauf lässt Minos von der Jungfrau ab.

Zum ersten Mal tauchen Frauen auf, nicht als Mütter, nicht als alte Weise (Hekaline), sondern als Animafiguren. In Theseus werden in diesem Moment archetypische Kräfte konstelliert, denn Poseidon, eine göttliche Figur, greift ein und stellt sich gegen die unbezogene Art und Weise, wie Minos sich den Frauen nähert. Theseus Lebensenergie strömt zurück, eine kleine Unterweltsfahrt wird vollbracht, bei der Theseus den Ring, ein Selbstsymbol heraufbringt. Wichtig ist: Poseidon siegt über Zeus, somit der Gott des Wassers, des Meeres über den Gott des Himmels. Poseidons Welt liegt zwischen der unbewussten Unterwelt und der bewussten Oberwelt und stellt das Reich der wässrigen, tiefen Emotionen dar, Zeus verfügt hingegen über die feurigen Emotionen. Poseidon gibt Theseus also eher weibliche Gefühle mit, den Zugang auch zu seiner weiblichen Seite.

Ein Drachenkampf steht Theseus nun bevor, denn so einfach ist der Zugang zum Weiblichen nicht zu gewinnen. Der Drachenkampf ist gemäß Neumann ein Grundtypus aller Mythologien und besteht aus drei Grundelementen: dem Helden, dem Drachen und dem Schatz.[17]

Oft gelingt es dem Helden, mit Hilfe seines göttlichen Vaters die Ungeheuer – Sphinx, Hexen, Riesen, Ungeheuer – zu überwinden. Das bringt aber auch die Austreibung des alten Vater-Königs durch den Sohn mit sich. Heldenkampf und Vater-Tötung stehen in einem Zusammenhang. Der göttliche Vater greift als Helfer in Situationen ein oder bleibt abwartend im Hintergrund, bei Theseus greift Poseidon ein.

Vor der Schwelle

In Kreta angekommen, wird Theseus von Ariadne empfangen, der Tochter von Minos und Pasiphaë. Bei den Kretern bedeutet ihr Name ari-hagne, *die "überaus Reine" oder* aridela *die "überaus Klare". Nach Kerényi ist sie mit diesen zwei Namen ursprünglich eine grosse Göttin.*

Sie erbarmt sich seiner, wie es ausdrücklich in den Quellen heisst.[18] *Eine alte Erzählung sagt, dass sie mit Spinnen beschäftigt ist, als Theseus "bittend und liebkosend" sie umwirbt. Darauf gibt sie ihm die Spindel mit dem Garn in die Hand und sagt zu ihm, er solle das Ende des Fadens an die Tür des Labyrinths befestigen und ihn nicht aus der Hand lassen. Denn die Schwierigkeit bestand nicht darin, den Weg hinein-, sondern wieder herauszufinden.*

Indem sich Ariadne in Theseus verliebt, verrät sie ihren Bruder, den Minotauros, den Menschen mit Stierkopf.

Die drei Elemente des Heldenmythos sind wie gesagt: der Held, der Drache und der Schatz. Der Drache bzw. der Minotauros ist gefrässig, verschlingend wie der elterliche Uroboros nach

---

[17] Erich Neumann, *Ursprungsgeschichte*, 1949, S. 169.
[18] Karl Kerényi, *Labyrinth-Studien*, 1950, S. 184.

Neumann. Der Schatz ist eine zu erlösende Gefangene, eine liebreizende Jungfrau, oder symbolisch gesehen eine Kostbarkeit, nämlich die Seele, die Anima. Der Schatz symbolisiert also Bezogenenheit, die Beziehungsfähigkeit des Ich zu einem Du.

In den Gängen

Ariadne begleitet ihn ins Dunkle und leuchtet mit einem Kranz den Weg. In anderen Versionen gibt sie ihm ein Wollknäuel mit.

Theseus als Heros betritt den labyrinthischen Raum, diesen *Temenos*, der ein Innen von einem Aussen trennt. Er begibt sich damit in einen Introversionszustand, in eine Regression, die Libido richtet sich nach innen. Der labyrinthische, innerpsychische Prozess läuft indes nicht irgendwie, sondern nach genau vorausbestimmten Bahnen ab: Zuerst muss sich Theseus nach links, symbolisch in die Regression, hineinbewegen. Jung sagt: "Ich glaube mich nicht zu täuschen, wenn ich es für wahrscheinlich halte, dass die Linksläufigkeit im allgemeinen eine Bewegung nach dem Unbewussten hin andeutet, die Rechtsläufigkeit (mit dem Uhrzeiger) dagegen nach dem Bewusstsein hin."[19] Dann muss er seine Richtung um 180 Grad drehen, um von rechts her, symbolisch in die Progression, den Weg zu gehen. Er vollzog somit eine Pendelbewegung von Hin und Her.

C.A. Meier beschreibt einen ähnlichen Fall eines nächtlichen Irrweges einer Patientin durch die Stadt, die nach dem Arztbesuch über Stunden vom kollektiven Unbewussten gepackt wurde. Zu Beginn musste sie immer wieder Gartenbeete, Rondelle und Plätzchen linksläufig umkreisen, nach dem Höhepunkt ihrer Odyssee tat sie dasselbe, aber rechtsläufig.[20]

---

[19] C.G. Jung, *Mandala*, 1987, S. 40f.
[20] C.A. Meier, *Spontanmanifestationen*, 1975, S. 31.

Dieses Gesetz der *Enantiodromie* hält auch Theseus gefangen, die Gegensatzspannung von Bewusstsein und Unbewusstem, die sich darin ausdrückt, dass eine Bewegung im Unbewussten eine Kompensationsbewegung im Bewusstsein hervorruft. Je stärker er in die eine Richtung geht, desto stärker konstelliert sich die andere.

Wenn in der Therapie ein labyrinthischer Weg in Angriff genommen wird, erhält der Therapeut oder die Therapeutin oft die Aufgabe zugewiesen, den unbewussten, verdrängten Teil des Weges zu stützen und gleichzeitig den bewussten, stützgebenden Persönlichkeits-Teil nicht abzuwerten. Dieses "Halten" des schwächeren Weges ist für das Bewusstsein in unserer (Leistungs-)Gesellschaft oft widersinnig, und muss etliche Male geleistet werden, da man dazu neigt, diesen Teil zu überhören, abzuwerten oder reflexartig zu meiden. Manche Klienten oder Klientinnen neigen dazu, nur den einen Teil des Labyrinths, den rechten zu gehen und den linken zu überfliegen bzw. zu verdrängen.

In diesem Pendeln von links nach rechts, von Bewusstsein und Unbewusstem dringt der Heros immer tiefer ein, mit der Folge, dass sich Vertrautes auflöst. Das Sicher Gerußte wird fragwürdig. Irritation und Orientierungslosigkeit sind ja Kennzeichen des labyrinthischen Weges. Bisher feste Werte lösen sich auf, das Gegenteil könnte auch gültig sein. Das macht Angst, da der Bezug zum Bisherigen fehlt, worauf sich ein Zwang am Vertrauten festzuhalten, ergeben kann. Theseus durchschreitet bei diesem Prozess vier Quadrante und muss einen Sachverhalt aus allen Richtungen, allen Aspekten betrachten. Sein Aktionsradius wird dabei aber eingeengt, von zunächst vier auf drei, dann auf zwei, schließlich auf einen Quadranten. Das heißt, er muss sich auf das Wesentliche konzentrieren.

Das Labyrinth ermöglicht mit seinem Hin und Her, die *transzendente Funktion* zu erleben. Jung schreibt: "Das Hin und Her der Argumente und Affekte stellt die transzendente Funktion der

Gegensätze dar. Die Gegenüberstellung der Position bedeutet eine energiegeladene Spannung, die Lebendiges erzeugt, ein Drittes, das keine logische Totgeburt ist, entsprechend dem Grundsatz 'tertium non datur', sondern eine Fortbewegung aus der Suspension zwischen Gegensätzen, eine lebendige Geburt, die eine neue Stufe des Seins, eine neue Situation herbeiführt. Die transzendente Funktion offenbart sich als eine Eigenschaft angenäherter Gegensätze."[21] Plötzlich kann also etwas Drittes entstehen, etwas nicht Vorhergesehenes, häufig ein Symbol, das sich in der Mitte kristallisiert.

Die transzendente Funktion ist also nur beim Labyrinth erlebbar, nicht bei der Spirale, wo die Pendelbewegung nicht vorkommt oder nicht in diesem Ausmaß. Dort schreitet man nur vorwärts und dringt gleichzeitig ein, die Regression geht viel schneller vorwärts. Auf diesen Unterschied wird nochmals zurückzukommen sein.

Während dieses Prozesses des Pendelns bleibt Theseus nicht an Ort und Stelle, sondern das Pendeln und Aushalten der Gegensätze führt ihn immer tiefer hinein. Neben dem horizontalen Hin und Her geschieht ein langsames, vertikales Eindringen in die Tiefe, in ein Zentrum und somit eine Regression zum anfänglichen Chaos (*Regressus ad uterum*), eine Höllenfahrt (*regressus ad infernum*). Das Ich-Bewusstsein stellt sich durch das Eindringen der Finsternis, der Ungewissheit, der Angst, den Trieben, dem Unbewussten. Dazu braucht Theseus Geduld und Mut, da das Ziel nicht auf dem kürzesten Weg zu erreichen ist. Je näher er dem Zentrum kommt, desto enger werden die Drehungen und Windungen, er verliert an Handlungsspielraum, an Orientierung. Er muss sich dem stellen, was da kommt. Denn in der Mitte gibt es kein Ausweichen mehr, dort geschieht die *Coincidenzia oppositorum*, das Zusammenfallen der Gegensätze, das Ende von allem und – nach einer Pause – der Neubeginn von allem.

---

[21] C.G. Jung, „Die transzendente Funktion," GW 2, S. 276f.

Ein Wort zur Mitte: Jung beschreibt diese Mitte für den Fall einer Spirale, der aber grundsätzlich auch für das Labyrinth Gültigkeit hat: "Was in diesem Falle aber besonders bemerkenswert ist, das ist die Folgerichtigkeit in der Entwicklung des zentralen Symbols. Man kann sich kaum des Eindrucks erwehren, als ob der unbewusste Prozess sich spiralförmig um ein Zentrum bewege, dem er sich langsam annähert, wobei die Eigenschaften der 'Mitte' sich immer deutlicher abzeichnen. Man könnte vielleicht auch umgekehrt sagen, dass der an sich unerkennbare Mittelpunkt wie ein Magnet auf die disparaten Materialien und Vorgänge des Unbewussten wirke und diese allmählich wie in ein Kristallgitter einfange. Nicht selten wird darum auch (in andern Fällen) die Mitte als Spinne im Netz dargestellt, namentlich dann, wenn im Bewusstsein noch die Einstellung der Angst vor den unbewussten Vorgängen überwiegt." Mit der Zeit dränge sich durch das scheinbare Chaos, in das die Psyche dramatisch verwickelt sei, das zentrale Symbol durch[22]. Oder an anderer Stelle: "Des Öfteren macht es den Eindruck, als ob die persönliche Psyche wie ein scheues Tier, fasziniert und geängstigt zugleich, um diesen Mittelpunkt herumjage, immer fliehend und doch stets näher rückend."[23] Das Ziel, das Zentrum, ist dem Bewusstsein aber über alle Massen fremd, dass es nur unter den grössten Schwierigkeiten Zugang zum Bewusstsein findet. Der Held muss also über beachtliche Ichstärken verfügen, die sich notabene im Hin- und Herpendeln langsam entwickeln. Man lernt sich ja dadurch immer besser kennen.

---

[22] C. G. Jung, *Über die Symbole des Selbst*, GW 5, S. 227f.
[23] C.G. Jung, *ebenda*, S. 230.

Faszinationsursache

Die Frage, die sich an dieser Stelle zwangsläufig stellt, ist die, wieso Theseus diesen Weg auf sich nimmt. Was zieht in dermaßen in Bann? Was fasziniert ihn so? Wieso will er den Minotauros besiegen? Da sind verschiedene Antworten möglich. Zuerst eine auf einer allgemeinen, oberflächlichen Ebene:

Ich vermute, Theseus hat einen *ursprünglich positiven Vaterkomplex*.[24] Er zeigt sich als ein zupackender, tüchtiger, junger Mann, der in die Fussstapfen seines Vaters tritt, indem er dessen Schwert und dessen Sandalen holt, beides Symbole für Macht und Besitz, die Schuhe auch Zeichen einer gewissen Erdverbundenheit und Standfestigkeit. In Athen angelangt, will ihn der Vater auf sein Sohn-Dasein fixieren. Hier beginnt jedoch die Loslösung Theseus aus seinem ursprünglichen positiven Vater-Kom-plex. Er widersetzt sich dessen Plänen und begibt sich in einen Kampf, den nicht der Vater für ihn ausgesucht hat. Für Theseus steht das Wohl Athens im Vordergrund, also gesellschaftliche, über-väterliche Werte (Der Vater hat sich in die Abhängigkeit von Kreta gefügt. Man könnte noch weitergehen und vermuten, der Vater hat sich auch in die Abhängigkeit vom dunklen Männlichen, von der männlichen Triebnatur gefügt.). Der Minotauros symbolisiert bei dieser Betrachtungsweise also die alte Ordnung, die alten Gesetze und Institutionen, die alten Abhängigkeiten von der männlichen Triebnatur, die sterben müssen, falls ein wirklich neuer König an die Macht kommen will. Der Literaturwissenschafter Gaetano Cipolla hat auf diese Tatsache aufmerksam gemacht, allerdings hat Theseus meines Erachtens keinen negativen Vaterkomplex, wie Cipolla meint,[25] sondern eben einen positiven. Folgerichtig stürzt sich der Vater ins Meer, nicht einfach, weil er das schwarze Segel sieht, sondern weil die Ordnung grundlegend geändert wurde.

---

[24] Verena Kast, *Vater-Töchter, Mutter-Söhne*, 1994, S. 155.
[25] Gaetano Cipolla, *Labyrin*th, 1987, S. 17.

Theseus ist kein Königssohn mehr, als er zurückkommt, sondern ein König.

Eine andere, ebenfalls noch oberflächliche Antwort, was dieses Faszinosum Labyrinth bei Theseus ausgelöst hat, mag in seinem Mutterkomplex liegen. Da in der Mitte ein furchterregendes Tier und kein hilfreiches sitzt, ist der dahinterliegende Komplex bei Theseus ein negativer. Ich vermute also, dass er ein *ursprünglich negativen Mutterkomplex* hat. Seine Mutter will ihn nicht ziehen lassen, bis er ihr droht. Möglicherweise wollte sie ihn in einer ängstlichen Symbiose gefangen halten. Dadurch erhöht sich sein innerer Triebdruck, der negative Mutterkomplex aktiviert vernichtend-aggressive Seiten in ihm. Er erledigt ja, kurz nachdem er von zuhause weggegangen ist, nacheinander sechs starke Widersacher in einem Zug.

Psychologisch gesehen konstelliert sich bei einem negativen Mutterkomplex immer wieder von neuem die ablehnende, nichtspiegelnde Mutter in Innen- und Außenwelt. Es fehlt eine klare Daseinsberechtigung, obwohl unter Umständen die Mutter ständig da war (aber eben doch nicht richtig da war.) Im therapeutischen Prozess geht es dann darum zu lernen, sich nicht mit einer solchen Mutter zu identifizieren, indem man ihre Ablehnung und Nicht-Akzeptanz nicht übernimmt, nicht gelähmt und daraufhin vernichtet wird, sondern aggressiv gegen diese destruktiven Tendenzen in sich vorgeht.[26] Genau das gelingt Theseus mit der Überwindung des Minotaurus.

Hinter der persönlichen Mutter stehen nun aber viel wichtiger der Mutterarchetyp und die Auseinandersetzung mit ihm. Denn die Regression macht ja nicht bei der persönlichen Muttererfahrung halt, sondern ist "in Wirklichkeit das Tor, das sich ins Unbewusste, ins 'Reich der Mütter' öffnet. ... Die Regression macht nämlich, wenn man sie nicht stört, bei der 'Mutter' keineswegs halt, sondern

---

[26] Verena Kast, *Väter-Töchter, Mutter-Söhne*, 1994, S. 211ff.

geht über diese zurück zu einem sozusagen pränatalen 'Ewig-Weiblichen', das heißt zur Urwelt der archetypischen Möglichkeiten ...,"[27] schreibt C.G. Jung.

Das Motiv des Verschlungenwerdens in einem Bauch, in einem Schiff, in einer Schachtel oder eben in einem Labyrinth ist in der Menschheitsgeschichte ja bekannt. Die solare Gestalt des Theseus, die bei der Nachtmeerfahrt im symbolischen, dunklen Mutterleib eingeschlossen wird, ist auch von Jonas, Noah, Moses u.a. überliefert worden. Die Sehnsucht, die dahinter steckt, ist diejenige "durch Rückkehr in den Mutterleib die Wiedergeburt zu erlangen, d.h. unsterblich zu werden wie die Sonne,"[28] schreibt C.G. Jung. Da der Inzest nicht mehr möglich ist, wird die Libido auf Mutteranalogien übergeleitet, auf die Quelle, den Stamm, auf die Kirche, auf die Stadt, im Grunde genommen auf Symbole für die Mutter. Das Motiv des *regressus ad uterum* zum Zwecke der Wiedergeburt, ist aber immer noch das gleiche. Es geht immer darum, Möglichkeiten zur Unsterblichkeit zu finden. Regression heisst deshalb nicht Stagnation oder Rückwärtsentwicklung, sondern die Möglichkeit, einen neuen Lebensplan, neue Symbole zu entdecken, neugeboren zu werden in der Auseinandersetzung mit seiner Triebnatur.

Um sich dieser archetypischen Mutter stellen zu können, die neben nährenden, neubelebenden, auch verschlingende Züge hat, braucht es aber gewisse stabile Ich-Strukturen, ein gewisses Bewusstsein, was Theseus aufweisen kann.

Dieser Prozess hat bereits früher in der Bewusstseinsentwicklung eingesetzt. Mithras tötet den umherschweifenden Stier, tötet ihn im Dienste der Schöpfung und opfert dadurch eine sich nach der "Mutter" zurücksehnende, inzestuöse Libido. Die Mithraslegende zeigt, wie man Herr der Sonne wird, nämlich indem man

---

[27] C.G. Jung, „Heros und Mutterarchetyp", GW 8, S. 185f.
[28] C. G. Jung, „Heros und Mutterarchetyp", GW 8, S. 36.

die eigene Triebhaftigkeit überwindet. Das ist das entscheidende Opfer. Im Mithriacum muss bereits nicht mehr der Inzest des Sohngeliebten begangen werden, um die Unsterblichkeit zu erlangen.

Der Faden der Ariadne
Das Eingehen in die Gänge birgt für Theseus die Gefahr des Verschlungenwerdens. Subjektstufig bedeutet das die Angst vor dem Durchbrechen der Triebe, der Affekte, auch die Angst des Männlichen vor dem Weiblichen, da die grosse Göttin auch männlich-aggressive-vernichtende Kräfte besitzt und töten kann. Die Beigaben der Hekate sind nicht umsonst Geissel, Dolch und Fackel. Die Vernichtung würde wohl die endgültige Regression und ein Verlust des Ich-Bewusstsein bedeuten.

Für diese Aufgabe braucht der Held deshalb ein Du, lehrt uns dieser Mythos, die Ahnung eines abgegrenzten und dennoch bezogenen Andern, damit man der zerstörenden, vernichtenden Verschmelzung entgehen kann. Das gilt für weibliche wie für männliche Helden.

Theseus hat bislang mit seinen Heldentaten geglänzt, aber er ist ein einsamer Heros. Damit Ariadne eine Anima für ihn werden kann, muss er "gleichsam von einer Höhe herabsteigen, einen Widerstand, nämlich seinen Stolz überwinden..."[29.] Er muss akzeptieren, dass er ohne ihre Hilfe nicht weiterkommt. Ihre Rolle ist es per se, ihn mit unbewussten Inhalten vertraut zu machen. Da er ihre Hilfe annimmt, bedeutet das, dass er dazu bereit ist. Er sei von ihr fasziniert, schreiben die Quellen.

Ariadne bietet ihm eine Perspektive mit dem Faden an, eine Ahnung, dass das Leben immer weiter dem Faden entlanggeht. Auf heute übertragen könnte man mit einer anonym bleiben wol-

---

[29] Emma Jung, *Animus und Anima*, 1983, S. 31.

lenden drogensüchtigen Journalistin sagen: "Man hört immer wieder den Spruch: Jemand muss erst ganz unten sein, damit er sich aufrappelt. Welch ein Quatsch! Ohne Perspektiven und Ressourcen hätte ich bestimmt nicht aufgehört zu fixen. Man braucht eine Grundlage zum Aufbauen, ein Ziel, für das sich der Ausstieg lohnt. Vor allem aber Menschen, die den Faden nicht durchschneiden."[30]

Theseus findet seine Anima, Ariadne ihren Animus. Das Zusammenkommen der beiden Geschlechter auf dieser Ebene deutet damit die Weiterentwicklung der alten Verbindung des Heldenkönigs mit der großen Göttin an, wie sie frühere Rituale bezeugten. Das Männliche verändert sich, indem es eine neue Beziehung zum Weiblichen herstellt, der Held löst das Weibliche aus der großen Göttin heraus. Er löst insofern die Anima aus dem Archetyp der Großen Mutter, indem er den triebhaft dunklen Vatergeist überwindet. Die Libido, die dadurch frei wird, wird mit einer gleichaltrigen Figur verbunden. Die Frau wird Partnerin und ist nicht mehr übermenschlich-göttlich oder Mutter(Das war die ursprüngliche Leistung der Kultur der Griechen, die allerdings alsbald in patriarchalem Hierarchie- und Machtdenken endete.). Die Frau erwartet wiederum vom Mann Kraft, Klugheit, Kampf- und Entscheidungsbereitschaft, er ist nicht mehr nur Werkzeug der großen Göttin, sondern übernimmt selber Verantwortung und Sorge. Ein Du steht da, das von einem Ich angesprochen werden kann. Die Beziehung beruht nicht mehr auf kultischer Verehrung.

In diesem Stadium ist also Ariadne eine hilfreiche Figur, die im Gegensatz zum verschlingenden Mutterarchetyp (z.B. Medea) steht. Die schwesterliche hilfreiche und geisthafte Seite der Frau tritt auf, die Geliebte und Führerin. Die Frau wird für den Helden dadurch ich-näher, bewusstseinsnäher. Diese Anima-Schwester-Seite ermöglicht einen Fortschritt in der Beziehung von Mann und

---

[30] Anonyme Journalistin, *Mein Ausstieg aus der Drogenwelt*, Magazin Nr. 23, 1996.

Frau, da sie bezogener werden können. Der Held andererseits entdeckt durch diese Anima-Schwester die seelische Welt des Eros, die Welt der Kunst, wie wir noch sehen werden. Sie befähigt ihn zur Liebe, macht ihn überhaupt empfänglich für seine Seele und für die Botschaften aus seinem Unbewussten.

Was sind genau Anima-Figuren[31]? Sie haben oft etwas Mondhaftes, Verschwimmendes und Geheimnisvolles an sich. Man versteht sie nicht ganz. Innerpsychisch deshalb, weil die entsprechenden weiblichen Anteile beim Mann, wenn er die Anima nicht integriert hat, eben solche Eigenschaften besitzen. Aus diesem Grund müssen Animafiguren oft erlöst werden. Sie sind verzaubert, etwa in einen Schwan, wissen dafür aber mehr von Naturdingen. Eine Anima ist deshalb oft nur halbmenschlich wie die Schwanjungfrauen, die Feen, Nixen und Nymphen. Ihnen wird außerdem die Kunst der Voraussage, des Sehertums zugeschrieben. Sie sind Vermittlerinnen zwischen dem Unbewussten und dem Bewusstsein und helfen schöpferisch zu sein, da sie oft weniger voreingenommen gegenüber dem Irrationalen sind. Sie sind auf der Gegenseite aber oft auch ausgesprochen empfindlich, unberechenbar, bis hin zur Bösartigkeit. Außerdem, und das ist eine ihrer Haupteigenschaften, ist die Anima vorwiegend durch den Eros bestimmt, das heißt durch das Prinzip der Verbindung, der Beziehung. Sie verhilft dem Mann einerseits zu einem Spiegel, indem sie seine halb- und unbewussten Gedanken, Wünsche und Emotionen reflektiert und andererseits zu einer bezogenen Haltung der Umwelt gegenüber, wenn er sie integriert hat. Sonst wird sie gefährlich und verschlingend.

---

[31] siehe Emma Jung, *Animus und Anima*, 1983, S. 51ff.

Im Zentrum

Theseus ersticht den Minotauros, kommt glücklich aus dem Labyrinth heraus und flieht mit Ariadne, nachdem er vorher die Böden der kretischen Schiffe zerstört hat.

Während des Durchlaufens der Gänge mögen in Theseus die wildesten Phantasien hochgekommen sein. Er weiss ja nicht, auf was genau er trifft. Noch niemand vor ihm hat das Labyrinth lebend verlassen. Ich stelle mir vor, dass seine Angst vor dem Unbekannten zunächst riesig ist. Er trifft dann auf den Minotauros, auf dieses *Monstrum sacrum*,[32] auf eine halb theriomorphe Gestalt. In der antiken Sagenwelt kommen solche Gestalten noch oft vor. Ich erinnere z.B. an die Sphinx, die Gestalt mit dem Frauenkopf, dem Löwenkörper, dem Drachenschwanz und den Adlerflügeln. Er trifft also nicht auf einen vollkommen fremden Drachen oder auf ein ausserirdisches unförmiges Monster.

So geht es auch im therapeutischen Prozess. Wenn man sich dem Unbekannten zu stellen und sich mit der Angst auseinanderzusetzen beginnt, werden die Konturen des Unbekannten immer "menschlicher", bekannter, vertrauter. Das ist möglicherweise in der Bewusstseinsentwicklung ebenso. Aus einem Monster wird bei Theseus ein menschliches Wesen mit Stierkopf. Da will jemand mit dem Kopf durch die Wand, da hat jemand einen "Stierengrind", ist stur usw. Theseus tritt also einem Wesen gegenüber, dessen Vernunftseite triebhaft, aggressiv und zerstörerisch ist, dessen Bewusstsein verschlingend, "umnachtet" ist.

Andere halb theriomorphe Gestalten können im Gegensatz dazu sehr weise sein, wie etwa die Centauren, die aus einem Pferde-

---

[32] Euripides nannte Minotaurus abschwächend eine "üble Spottgeburt". Der Grieche wollte die archetypischen Dimensionen nicht mehr wahrhaben.

körper und einem Menschenkopf bestanden, wie Chiron, der ja ein weiser Lehrer u.a. von Herakles und Achilles war[33.]

Solche Mischwesen rufen im allgemeinen Zittern, Angst, aber auch Faszination hervor. Sie sind numinos. Wir werden bei ihnen von etwas ergriffen, vielleicht sogar gelähmt und vollständig auf uns zurückgeworfen. Theseus begegnet also einem Stier-Mensch-Wesen.

Wieder trifft Theseus auf einen Stier, diesmal aber halb in Menschengestalt. Diese Wiederholung scheint, gemäß Andreas Schweizer eine allgemeine Gesetzmäßigkeit der Bewusstseinserweiterung zu sein, "wonach ein unbewusster Inhalt aus dem dunklen Hintergrund der Seele auftaucht, um nach einer ersten Auseinandersetzung mit ihm wieder zu verschwinden ... Dann, manchmal Jahre später, tritt er wieder und in ähnlicher Art hervor ... Nochmals müssen wir uns dem neuen Inhalt stellen. Erst wenn uns dies gelingt, wird eine nachhaltige Veränderung der Gesamtpersönlichkeit möglich."[34]

Theseus lässt sich bekanntlich vom Minotauros nicht überwältigen, weil er erstens um eine archetypische männliche Kraft im Hintergrund (Poseidon) weiß und zweitens, weil er die Hilfe von Ariadne angenommen hat. Er muss in diesem Kampf mit dem Stier aber dennoch seine Standfestigkeit beweisen. Wichtig ist drittens, dass der Held viele Seiten mit dem Minotauros gemeinsam hat. Er muss nicht etwas völlig Fremdes assimilieren. Gemeinsam ist etwa der gleiche Vater - Poseidon. Jung schreibt dasselbe für den Drachenkampf: "Der den Drachen bekämpfende Held ... übernimmt Eigentümlichkeiten von ihm, zum Beispiel die Unverwundbarkeit, die Schlangenaugen usw. Drache und Mensch können ein Brüderpaar sein, wie auch Christus sich selbst mit der Schlange identifiziert, welche – similia similibus – die Schlan-

---

[33] Sig Lonegren, *Labyrinths*, 1991, S. 56.
[34] Andreas Schweizer, *Gilgamesch*, 1991, S. 108.

gennot in der Wüste bekämpft hat."[35] Theseus trifft auf seinen unbewussten Bruder, den Triebbruder in sich.

In diesem Moment muss er seine männliche Kraft beweisen. Tötung heißt deshalb m. E. etwas angehen, sich mit etwas konfrontieren, sich aggressiv von seinen destruktiven Aspekten lösen oder sich aggressiv der Lähmung, die durch die archetypische Mutter ausgelöst wird, entziehen. Sonst würde er Sohn bleiben. Im Moment der größten Regression geschieht also eine bewusste Handlung.

Theseus vollbringt damit eine Tat, die den früheren Griechen noch nicht möglich war. Der Minotauros hatte ja frühere Griechen überwältigt, verschlungen und zerrissen. Dieser Angst vor der Ueberwältigung, vor einem Verlust der Autonomie kann Theseus begegnen, da seine Ichkräfte stärker, die Bewusstseinsentwicklung fortgeschrittener ist.

In der Mitte[36] trifft also Theseus auf seinen Triebschatten, auf seinen Triebbruder, den er opfern muss, auf seinen Grad an Ichkräften. Er trifft eine Entscheidung, und dieser Moment muss stimmig für ihn gewesen sein. Vor und nach solchen Entscheidungen ist man wieder in der Ambivalenz gefangen, aber für einen Moment scheint eine Seite völlig klar zu sein, die Entscheidung für und gegen etwas ist möglich. Man ist ambivalenzfrei für einen Moment. Die Jungianerin Silvia Senensky sagt richtig: "The centre is home. It is where we come to rest. It is the place of peace and transformation. It is also the place of chaos and turmoil. It is the place where all movement has stopped and there is time to absorb. It is the place of the whirlwind – it is all movement ... It is the place where the Gods, both in their dark and light aspects, come to meet us. It is the goal and it is also the origin. We both

---

[35] C.G. Jung,." Heros und Mutterarchetyp", GW 8, S. 223f.
[36] Im Zentrum muss nicht notwendigerweise ein Tier sitzen. Je nach Kultur sass später der Teufel, ein Mädchen oder Aphrodite im Zentrum.

begin and end here. it is the place of both birth and death. It is the place of paradox."[37]

Im Zentrum fallen die Gegensätze für einen Moment zusammen, bzw. vereinen sich. In diesem Moment macht auch alles absolut Sinn, die Zukunft kann in die Gegenwart hineinschauen. Die Erkenntnisse, die Theseus dabei gewinnt, müssen so grundlegend gewesen sein, dass er eine Richtungsänderung um 180 Grad vollzieht. Er distanziert sich also größtmöglich von seiner früheren, triebdominierten Art. Das ist mit Wiedergeburt gemeint.

Die Jungianerin Silvia Shannon Senensky versucht in ihrer Thesis das Labyrinth für weibliche Kräfte zu aktivieren und ist gegen das "patriarchale" Töten des Minotauros durch Theseus. Sie findet, Theseus wollte seinen Halbbruder nicht treffen und ihn kennenlernen, seine einzige Antwort sei gewesen, ihn zu töten. Er habe dadurch das Königreich Kreta zerstört, was zum Tod von König Minos und zu den Tragödien von Theseus selber geführt habe. Theseus sei unfähig gewesen, seine feminine Natur zu heilen und seinen Schatten zu integrieren. Dass sei ein Tod ohne Wiedergeburt. Sie fragt sich, fast etwas moralisch: Wieso konnte Theseus Minotauros nicht am Leben lassen?[38]

Ich teile die Meinung von ihr nicht. Töten heisst für mich auch handeln und sich entscheiden. Dieses feministisch-matriarchale Bewusstsein, dem sie die Stange hält, entscheidet nicht, sondern bleibt im Hin und Her der Gegensätze gefangen (siehe letztes Kapitel). Der Held erhält die schwer zu erreichende Kostbarkeit nur, wenn er die verschlingende Mutter überwältigt, sie behält den Regredierten sonst. Das wäre dann ein Tod ohne Wiedergeburt.

---

[37] Silvia Senensky, *The Labyrinth*, 1994, S. 28.
[38] Silvia Senensky, *ebenda*, S. 67.

Die Frage, die sich stellt, ist vielmehr: Wann muss man fliehen, wann aushalten? Wann ist der Zeitpunkt zum Töten bzw. Entscheiden da?

Das hängt wahrscheinlich von der Erfahrung mit dem Unbewussten ab. Das Verschlingende, Bedrohende kann erst dann bewältigt werden, wenn Unbewusstes bewusst wird und der Wille da ist, dieses Bewusste nicht mehr herzugeben. Die Minotauros-Seite neigt ja dazu, alles vom Bewusstsein Erarbeitete wieder zu verschlingen.

Die eigentliche Gefahr ist damit nicht zu Ende, sie besteht nicht nur im Hineingehen ins Labyrinth, sondern auch darin, dass man den Weg wieder aus der Regression, aus dem Nullzustand herausfindet. Vielleicht ist die Angst vor dem Umsetzen der Erkenntnisse, vor neuen Eigenschaften und vor einer veränderten Welt zu groß. Ein Klient von mir erwähnte in diesem Zusammenhang, er habe Angst vor der Spontaneität, dem Ausprobieren von Neuem, dem Verlust an Kontrolle, da danach alles neu sei, alles anders. Er müsse deshalb am Vertrauten zwanghaft festhalten. Letztlich steckt hinter einer solchen Haltung ein mangelndes Zutrauen in seine Ichkräfte und die Angst schöpferisch tätig zu sein.

Die Geburt aus diesem mütterlichen Raum ist ein schwieriger Prozess, aus den bekannten, auch schutzgebenden Eingeweiden der Mutter, heraus, auch wenn der Platz schon viel zu klein geworden ist. Dass dieser Geburtsvorgang viel mit dem Labyrinth zu tun hat, zeigt ein indisches Ritualbuch. Es steht darin für den Fall einer Geburt: "Man reibe Safran mit Gangeswasser an und zeichne damit auf einen Bronze-Teller das Labyrinth, wasche dies mit Gangeswasser ab, gebe es der Gebärenden zu trinken, dann wird es bald zur Geburt kommen, und die Geburtsschmerzen werden beruhigt."[39] Bei den Hopi-Indianern wird die Geburt und

---

[39] Helmut Jaskolsky, *Das Labyrinth*, 1994, S. 59.

Wiedergeburt aus der Mutter Erde übrigens ebenfalls mit einem Labyrinth gekennzeichnet. [40]

Ödipus zum Beispiel gelingt der Drachenkampf nur teilweise. Er überwindet als Drachenkämpfer zwar die Sphinx, die uroborische Erdmutter, da er ihre Frage beantworten kann und somit die Furcht vor dem Weiblichen bzw. vor der furchtbaren Seite des Weiblichen überwindet. Der Mutterinzest begeht er daraufhin aber unbewusst, so Neumann. Der Lohn wäre ja gerade das Weibliche gewesen, aber das Weibliche verwandelt sich bei Ödipus wieder in die Große Mutter zurück, Er regrediert zum Sohn und erleidet das Schicksal des Sohngeliebten. Er kastriert sich selber, indem er sich blendet, die "männliche Progression des Helden, die ihm einmal geglückt war, wird durch den alten Schock, die Angst vor der Großen Mutter, die ihn nach der Tat ergreift, rückgängig gemacht."[41] Erst Orestes, der Muttermörder aus Rache für seinen Vater geht endgültig weiter und läutet mit Hilfe der Vater-Sonnenseite eine neue Epoche des Patriarchats ein. Orestes steht eindeutig auf Seiten des Vaters.

Theseus gliedere ich zwischen Ödipus und Orestes ein, denn auch bei Theseus verwandelt sich das Weibliche später wieder in die Große Göttin zurück, wie wir noch sehen werden.

Im Labyrinth hilft ihm Ariadne jedoch noch, sie ist auch der Sog, der ihn herauslockt, herauszieht. Sie ist seine Führerin, sein *Psychopompos*, die ihm mit dem Faden als Verbindung zur Außenwelt hilft aus dem rituellen Tod wieder aufzustehen, wiedergeboren und ein geschlechtsreifer Mann zu werden. Theseus pendelt aber auch beim Hinausgehen hin und her zwischen der Sehnsucht in die alte Wahrnehmungsweise zurückzufallen und der Lust Neues und Belebendes auszuprobieren. Er wickelt sich aus dem verwirrenden Hin und Her der Gefühle, von vor und zurück,

---

[40] Hermann Kern, *Labyrinthe*, 1995, S.28.
[41] Erich Neumann, *Ursprungsgeschichte*, 1949, S. 181.

von alt und neu, emotional pendelnd zwischen Mut, Kraft, Intelligenz und Angst langsam heraus, unterstützt durch seine Anima Ariadne, dieser positiven, freundlichen und erregenden Gestalt.

Reise nach Dia

Anscheinend ist Ariadne Dionysos versprochen gewesen, denn auf der nahegelegenen Insel Dia tötet Artemis auf Dionysos Geheiß die ungetreue Tochter von Minos. Ein Vasenbild zeigt, wie die schlafende "Herrin des Labyrinths" von Dionysos an der Brust berührt wird, während sich Theseus mit gezücktem Schwert aufs Schiff zurückzieht. Andere Erzählungen sagen, dass Dionysos und Pallas Athene gemeinsam Theseus bewogen, ohne Ariadne weiterzuziehen. Oder: Artemis habe Ariadne getötet oder Ariadne erhängte sich aus Angst vor Artemis. Es gibt verschiedene Varianten darüber. Auf jeden Fall zieht Theseus alleine weiter und führt auf Delos den Kranichtanz zur Erinnerung an seinen Sieg auf, der die Windungen des Labyrinths in Tanzform nachahmte. Dort stellt er auch die Aphrodite-Statue auf, die Ariadne (Alter Ego) mit sich genommen hat.

Man erwartet nun eine Heilige Hochzeit *(hierosgamos)* zwischen Theseus und Ariadne. Auf der *Kanne von Tragliatella* ist eine solche bezeugt, die Penetration des Labyrinths hat ja auch eine sexuelle Konnotation. Doch wenn sie tatsächlich stattgefunden hat, war sie nicht von Dauer. Denn die beiden trennen sich auf der nahe gelegenen Insel Dia wieder.

Theseus zieht alleine weiter. Über den Grund gibt es die verschiedensten Spekulationen: Theseus, Ariadne, Artemis, Athene oder Dionysos seien daran schuld gewesen. Auffällig ist, wie oft Athene auf den Bildern vorkommt. Ersetzt sie Ariadne später als Frauentyp bei den Griechen? Sie und Artemis? Rivalisieren Athene und Artemis mit Ariadne? Gehört zu der aufkommenden Logoswelt ein Frauentypus, der wenig mit Eros zu tun hat? Athene ist ja die Schutzgöttin von Orest und eine logosdominierte Göttin. Während hinter Ödipus noch die grosse Mutter steht, hinter Theseus die große Göttin, steht hinter Orest dann "nur" noch Athene. Zu Fragen ist ferner: Wieso verlässt Ariadne Theseus? Wieso unternimmt Theseus nichts?

Ich vermute, Theseus kann sich nicht mehr wirklich mit seiner Anima auseinandersetzen. Vielleicht sollen Frauen für ihn numinos bleiben ohne eine konkrete Beziehungsebene. Die Nichtheirat ist deshalb m. E. nicht Folge des beginnenden patriarchalen Denkens, wie Senensky meint[42], das ist zu wenig genau, sondern Folge der zu wenig klaren bzw. einseitigen Auseinandersetzung des männlichen Weltbildes mit dem weiblichen.

In Athen angekommen, vergisst Theseus statt des schwarzen Segels, wie mit seinem Vater abgemacht, das weiße Segel zu hießen, das den Sieg angezeigt hätte. Aigeus sieht das schwarze und stürzt sich vom Felsen hinunter, da er an den Tod seines Sohnes glaubt. So wird Theseus König (und deshalb heißt das Meer heute dort das Aegäische Meer).

Die Abenteuer des Theseus sind damit aber nicht zu Ende. Er raubt später Helena aus Sparta, die Tochter des Zeus, und bringt sie nach Attika. wo sie ihm Iphigenie auf die Welt bringt. Helena wird später von ihren Brüdern wieder befreit. Theseus versucht sogar Persephone in der Unterwelt stehlen, wo er jedoch von Hades gefangengenommen und an einen unterirdischen Felsen festgehalten wird. Erst Herakles befreit ihn wieder. Es scheint, als ob die Animakraft bei Theseus erlahmt, es gibt keine dauerhafte Vereinigung mit einer Frau. Seine kretische Frau Phaidra, eine Schwester von Ariadne, verliebt sich in den Sohn von Theseus und erhängt sich deswegen. Er hat aber drei Söhne, einer davon wird später König von Athen. Theseus kann sich also als König von Athen einen Namen machen und – durch die Vereinigung der

---

[42] Silvia Senensky, *The Labyrinth*, 1994, S. 60.

Dörfer von Attika – als Gründer des Staates Athen. Durch ihn entsteht die politeia, *das gemeinsame Leben in einem Staate, unter anderem durch die Stiftung verschiedener Feste. Theseus wird der bedeutendste Nationalheld Athens.*

Nachher wird Theseus König und Stadtgründer. Die Politik ist ihm letztlich wichtiger als die Liebe, der Logos bedeutsamer als der Eros, wie den damaligen Griechen überhaupt. Er verlegt sich auf das rationale Urteil, was zur Folge hat, dass sein Bewusstsein einseitig wird, wie das der kommenden Generationen. Das Unbewusste, Anima-Eigenschaften wie Bezogenheit, Gefühlstiefe und Inspiration werden wenig integriert. Die Anima wird wieder unbewusst.

Theseus habe die "Mysterien der Liebe" nicht erkannt, meint Bauer.[43] Seine spätere Frau Phaidra bleibt nicht bei ihm, sie erhängt sich. Andere Frauen versucht er zu rauben wie die Amazonenkönigin *Antiopeia* oder *Helena* oder *Persephone*. In der Unterwelt wächst er am Stein fest und wird von den Erinnyen gequält, bis ihn Herakles befreit. Das zeigt die überwältigende Macht der Großen Göttin. Theseus kann die Nachtmeerfahrt nicht mehr vollbringen, also wiedergeboren werden, die furchtbare Mutter überwältigt den Helden und verschlingt ihn, er bleibt im Dunkeln, erstarrt und versteinert. Er wird wie Ödipus von der großen Mutter zurück genommen und zum Sohn degradiert.

Zu seiner "Ehrenrettung" muss aber folgendes hinzugefügt werden: Theseus führt ja auf der Insel Delos den *Kranichtanz* (Geranos) zu Ehren Ariadnes auf, der die Windungen des Labyrinths nachahmt. Außerdem stellt er dort die Aphrodite-Statue auf, die ihm Ariadne mitgegeben hat. Mit dem Kranichtanz wird die Rettung gefeiert und zwar von Theseus und seinen Gefährten. Die Tanzenden ergriffen dabei, wie inschriftliche Rechnungen besagen, ein Seil und wurden vom Führer bei Fackelschein – also nachts – ins Innere gezogen, wo sich ein Altar befand. Nachher zog sie der

---

[43] Bauer et al., *Lexikon der Symbole*, 1984, S. 173.

Führer tanzend wieder hinaus.[44] Manchmal hielten sich die Jünglinge und Jungfrauen auch nur an den Händen, die Jünglinge sangen tanzend einen feierlichen Hymnus, während sich die Jungfrauen schweigend um das Bild der Aphrodite im Innern bewegten.[45]

Der Kranichtanz ist ein Tanz, unübersehbar, und wurde immer wieder im Zusammenhang mit dem Labyrinth erwähnt. Er symbolisierte die Rückkehr vom Tode und die Fortsetzung des Lebens. In diesem Sinne hat er sehr viel mit Schöpfung zu tun. Wosien meint: "Das natürliche Mittel, sich auf die Mächte des Kosmos einzustimmen, war für den Menschen der Tanz, und rhythmische Bewegung war der Schlüssel dafür, die 'traumähnlichen Formen' neu entstehen zu lassen, sie in sein Leben zu integrieren und sich mit dem Urgrund des Seins zu verbinden."[46] Nach Cornelia Hasper gehörte der Labyrinth-Tanz sogar zu den frühesten Ritualtänzen im westeuropäischen Raum.[47]

Wieso aber hieß dieser labyrinthische Tanz Kranichtanz? Möglicherweise wurde er so genannt, weil sich Kraniche ähnlich wie Tanzende bewegen. So heißt es im Brehms Tierleben: "Derselbe Vogel ergötzt sich, wenn ihn die Laune anwandelt, durch lustige Sprünge, übermütige Gebärden, sonderbare Stellungen, Verbeugungen, Breiten der Flügel und förmliches Tanzen oder dreht sich fliegend in prachtvollem Reigen längere Zeit über einer Stelle. Wie im Übermut nimmt er Steinchen und Holzstückchen von der Erde auf, schleudert sie in die Luft, versucht, sie wieder aufzufangen, bückt sich rasch nacheinander, lüftet die Flügel, tanzt, springt und rennt eilig hin und her, drückt durch die verschiedensten Gebärden eine unendliche Freudigkeit des Wesens aus: aber er bleibt immer anmutig, immer schön". Und weiter: "Höchst eigentümlich sind die

---

[44] Karl Kerényi, *Labyrinthstudien*, 1950, S. 38f.
[45] Maria-Gabriele Wosien, *Tanz im Angesicht der Götter*, 1974, S. 122.
[46] Maria-Gabriele Wosien, *ebenda*, S.9.
[47] Cornelia Hasper, *Wurzeln des klassischen Tanzes*, 1995, S. 5.

tanzartigen Bewegungen, die der Pfauenkranich bei jeder Erregung zum Besten gibt. Pfauenkraniche, die auf einer Sandfläche stehen, beginnen zu tanzen, so oft eine ungewöhnliche Erscheinung sie beschäftigt, so oft einer zu dem großen Haufen stößt usw. Der Tänzer springt in die Höhe, nicht selten meterhoch vom Boden, breitet dabei die Flügel ein wenig und setzt die Füße tanzend nieder, nicht immer beide gleichzeitig, sondern zuweilen einer um den andern".[48]

Cornelia Hasper meint, der Kranich wurde einerseits deswegen gewählt, weil er so "menschlich" tanzt, andererseits, weil er die Hälfte des Jahres verschwindet, man wusste nicht wohin, aber immer wieder zurückkam.[49]

Was bedeutet der Tanz nun symbolisch? Theseus erfindet mit dem Tanz eine Welt, die mit seiner bisherigen nichts zu tun hat, er erfindet eine Kulturform, die um Ariadne kreist, bzw. mit ihr als Anima kann er das Chaos bändigen. Mit ihr gelingt Schöpfung. Er hätte auch andere Ausdrucksformen wählen können, Wörter, Bilder, Lieder, Gedichte. Seine Anima eröffnet ihm insofern die Welt der Kunst. Es ist wahrscheinlich schon so, wie es Neumann formuliert, dass nämlich "große Teile der menschlichen Kultur, nicht nur der Kunst, aus diesem Mit- und Gegeneinander der Geschlechter" entstammen.[50]

---

[48] Brehms *Tierleben*, 1964, S. 187ff.
[49] Cornelia Hasper, *Wurzeln des klassischen Tanzes*, 1995, S. 62.
[50] Erich Neumann, *Ursprungsgeschichte des Bewusstseins*, 1949, S. 224.

3. Dionysos und Ariadne

Ariadne: liebende Frau und grosse Göttin

"Wer weiss.....was Ariadne ist?"
(Nietzsche)

Der Theseus-Mythos, wie wir ihn von den Geschichtsbüchern her kennen und wie ich ihn hier beschrieben habe, ist, wie bereits erwähnt, die griechisch-männliche Sichtweise eines Heldenkampfes. Ich interpretierte bislang den Mythos aus dem Blickwinkel von Theseus und dessen Individuationsweges. Die Frage stellt sich nun, ob es nicht auch eine Sichtweise von Ariadne gibt, eine kretisch-weibliche also, und ob sie uns von Nutzen sein könnte. Die gängige Auffassung lautet ja, die griechische Kultur und somit alle späteren seien auf einer höheren kulturellen Entwicklungsstufe als die kretische. Einige Autorinnen, darunter etwa Heide Göttner-Abendroth vertreten hingegen die Ansicht, die kretische "matriarchale Religion" stehe über der griechisch-männlichen. Erstere sei systematisch verzerrt und für Zwecke bzw. Ideologien der letzteren transformiert worden.[51] So eindeutig möchte ich dem nicht zustimmen, ich vertrete eher eine vermittelnde Position. Doch was heißt das genau?

Auf einer zunächst ganz allgemeinen Ebene gehe ich davon aus, dass Sonne, Mond und Sterne Orientierungspunkte für die damaligen Menschen waren. Sonne und Mond dienten vermutlich als erste Wegweiser für die Geschlechter-differenz, für das, was man unter Mann-Sein und unter Frau-Sein verstand.

---

[51] Heide Göttner-Abendroth, *Die Göttin und ihr Heros*, 1980, S. 36f.

Der Schöpfungsprozess wiederholt sich ja jährlich im Rhythmus der Jahreszeiten. Samen keimen, erblühen, die Früchte reifen, verfallen und sterben ab. Dieser Abfolge des immer gleichen Zyklus sahen sich die damaligen Menschen ausgesetzt, suchten Vergleiche und fanden sie in den Zyklen der Himmelsgestirne. So wie die Vegetation starb und wieder erblühte, so sahen sie auch den Mond sich verkleinern, sterben, verschwinden und langsam wieder voll werden. Erde, Vegetation, Menstruationszyklus, Fruchtbarkeit der Frauen und Mond schienen geheimnisvoll miteinander verbunden und wurden mit der Grossen Göttin in eins gesetzt.

Die Sonne hingegen – der Himmelsstier – schien unbesiegbar und unveränderbar. Sie konnte abends das große Wasser durchqueren, ohne sich aufzulösen, sie konnte sterben ohne wirklich den Tod zu finden, wie wir heutigen Menschen den Tod verstehen, sie befruchtete die Erde, ohne sich groß zu verändern. Die Sonne war ein unsterblicher Gott, der jeden Abend ins mütterliche Meer untertauchte und morgens wieder geboren wurde, ein Symbol für den Partner der Göttin. Sonne und Mond – Heros und Göttin – ergaben zusammen (*Hierosgamos*) die Orientierungspunkte der damaligen Menschen. Sie fanden dafür Analogien im (Himmels-)Stier und in der (Mond-)Kuh, in Götterbilder wie *Zeus* und *Europa*, *Ariadne* und *Dionysos*. Diese Metapher für das Verhältnis der Geschlechter untereinander finde ich als erster Ansatz immer noch sinnvoll.

Für die späteren Griechen entstanden aus der Vereinigung von Heros und Göttin nur noch Monster, aus sodomitischen Praktiken entstanden. Sie konnten oder wollten die Analogie nicht mehr begreifen, sondern dachten linear, Mensch und Stier = Stiermensch. Auf diese unterschiedliche Betrachtungsweise werde ich im letzten Kapitel nochmals zurückkommen.

Doch worum geht es genau? Was ist mit dem alten Kreta gemeint?

Der Historiker Walter Burkert teilt in Anlehnung an Sir A. Evans die Geschichte Kretas in folgende Phasen ein:

o Frühminoisch 2600-2000 v. Chr.
o Mittelminoisch 2000-1700 v. Chr. (Zeit der Frühen Paläste)
o Mittelminoisch 1700-1500 v. Chr. (Zeit der Neuen Paläste)
o Spätminoisch 1500-1150 v. Chr.[52]

Die kretische Hochblüte der mittelminoischen Periode wurde durch die Südwanderung der Bandkeramiker aus dem balkanischen Raum ausgelöst, die der alten Sesklokultur in Kreta einen neuen Auftrieb gab und die Phase der Diminikultur einleitete. Andererseits fiel Troia II um 2200 v. Chr., worauf die kretische Seeherrschaft möglich wurde.[53]

Um 2000 v. Chr., zu Beginn der mittelminoischen Blütezeit, entstand in Kreta deshalb ein politisches Machtzentrum mit einer starken Flotte und einem ausgedehnten Handel im ägäischen Raum. Kreta lag am Schnittpunkt der großen Seehandelsstrassen im Mittelmeer und blieb bis zum Ende der mittelminoischen Periode von äußeren Feinden verschont. In Kreta herrschte Frie-de, dank der Seeherrschaft, die den Seehandel im östlichen Mittelmeer bis hin nach Ägypten ermöglichte. Das Meer (Poseidon!) war bezwingbar geworden.

---

[52] Walter Burkert, *Griechische Religion der archaischen und klassischen Epoche*, 1977, S. 19.
[53] Ulrich Mann, *Theogonische Tage*, 1970, S. 397.

Während dieses ganzen zweiten Jahrtausends prägte die kretische Kultur den ägäischen Raum, besser bekannt unter dem Namen minoische Kultur, nach ihrem König Minos[54]. Die Paläste waren völlig ungeschützt, sie öffneten sich auf Gärten und Terrassen hin, die sich stufenförmig ins Tal hinunterzogen. Ihre Bauweise war verschachtelt, mit einer klaren Vierecks-Ordnung, die die Kreter aus Mesopotamien und Anatolien übernommen hatten. Gepflanzt und geerntet wurden vor allem Südfrüchte, Wein und Öl.

Ulrich Mann vermutet, dass die Bandkeramiker einen neuen männlichen Geist in das Matriarchale des Altmittelmeerischen, wie es sich eindeutig in Malta zeigte, hineinbrachten. Die minoische Kultur zeigte sich in der gegenseitigen Verständigung von beiden Elementen, jeder harte Dualismus wurde vermieden. "Dafür stellt Kreta das Ausgeglichene, Elegante, Graziöse betont heraus, erklärter und entschiedener als es in irgendeiner andern Sphäre dieser Zeit der Fall ist....Hinter Kretas Bemühen um Grazie müssen unerhörte und unheimliche Mysterien des Chthonischen vermutet werden," meint Mann.[55] Die kretische Kultur zeigte ein beweglichwaches Weltgefühl, einen Reichtum an Schmuck, rhythmisch fließende Wandbilder, elegant gekleidete Damen und eine architektonische Raffinesse. Der Typ der Dame erschien, damit eine neue Dimension der Großen Mutter. Orientalische Einflüsse von Syrien und Anatolien amalgierten zur kretischer Kultur, die einzigartig war, künstlerisch, graziös, elegant und gleichzeitig religiös.

Selbst Homer in der Odysee kam nicht um die Bewunderung herum. Odysseus begegnete auf Scheria einer hochent-

---

[54] Jeder Kreterkönig der Frühzeit hiess Minos, gemäss Ulrich Mann, *Theogonische Tage*, 1970, S. 397.
[55] Ulrich Mann, *ebenda*, S. 398.

wickelten Kultur der Schifffahrt, des Webens und der Obstgärten, von der sein heimatliches Ithaka noch weit entfernt war. So heißt es in der Odyssee: "Lange stand bewundernd der herrliche Dulder Odysseus, mit einer Stellung der Frauen, die weit mehr zu sagen hat als bei ihm ... Denn es fehlt ihr (der Frau, IM) nicht an königlichem Verstande, und sie entscheidet selbst der Männer Zwiste mit Weisheit ..." So wurde die Welt der Phäaken auf der Insel Scheria dargestellt. Helmut Knolle sieht in der Phäakeninsel der Odyssee eine minoische Kolonie, die für einen Teil der kretischen Bevölkerung zum Zufluchtsort wurde, als die Griechen Kreta überrannten. "Homers begeisterte Schilderung der Fähigkeiten und der Errungenschaften der Phäaken wäre dann der Nachklang jener Bewunderung, welche die noch barbarischen Urgriechen der hochentwickelten minoischen Kultur mit Sicherheit gezollt haben. Odysseus ist ja der Zerstörer Kretas, er ist ein ständiger Schiffsbrüchiger, während die Kreter ihn in einer Nacht nach Ithaka zurückbringen."[56]

Zu Homers Zeiten existierte das minoische Kreta seit vielen Jahrhunderten nicht mehr. Denn um 1450 v. Chr. brachte der Ausbruch des Vulkans von *Thera* das Ende der minoischen Kultur, die Paläste und Bauten wurden von der Urgewalt zerstört. Um 1400 v. Chr. eroberten zudem die Griechen Kreta und vernichteten 200 Jahre später das von Kreta beeinflusste Troja. Irgendwann zwischen 1500 und 1375 v. Chr. bemächtigten sie sich des Palastes von Knossos und übernahmen teilweise die minoische Kultur.[57] Doch welche Kultur trafen sie überhaupt an?

---

[56] Helmut Knolle, „Muss denn diese Schönheit so irreal sein? Homers Phäakenland: Es gilt als rückwärts gerichtete Utopie des Dichters - womöglich zu Unrecht," *Weltwoche*, Nr. 42, 19. 10. 1995.
[57] Walter Burkert, *Griechische Religion der archaischen und klassischen Epoche*, 1977, S. 50.

Der Stier – das Symbol der Fruchtbarkeit

Aufgrund Vasen- Münzenbilder, aufgrund archäologischen Ausgrabungen kann man davon ausgehen, dass im Mittelpunkt des kultischen Lebens Kretas der Stier stand, das männliche Opfer der Fruchtbarkeit mit seiner unbändigen und wilden Triebhaftigkeit, die von Zerstörungskraft über sexuelle Vitalität bis hin zur schöpferischen Fruchtbarkeit ging. Der Stier war deshalb der gewaltige Befruchter, der Träger der Lebenskraft in der frühen Antike im östlichen Mittelmeerraum. Der Stier El hieß der mächtige Stier. Die Sonne wurde als Stier bezeichnet, auch der Sonnengott. Bei den Persern entstand aus einem getöteten Stier sogar die Welt. In der Mithras-Religion entstand aus seinem Rückenmark das Getreide, aus seinem Blut der Weinstock. In Babylonien war der weiße Stier das heilige Tier von *Marduk*, der altphönikische *El* hat den Beinamen "Stier" usw.[58] Der Stier spielte selbst im antiken Griechenland noch eine bedeutsame Rolle, allerdings übernahm das Pferd später die Rolle des Stieres.

Der Stier bot Identifikations- und Initiationsmöglichkeiten für die damaligen Menschen an: Auf knossischen Münzen wurden Tänzer mit Stiermasken dargestellt (ab dem 5. Jh. v. Chr.) und im alten Kreta wurden Stierspiele veranstaltet, bei denen Jugendliche zu Ehren der Großen Göttin über den Stierrücken sprangen. Denn das waren nach Ulrich Mann die beiden wichtigsten Ritualhandlungen im minoischen Kreta:

a) Der Stiersprung, der die Initiation der Jugendlichen darstellte:

Beim Stierspiel wirbelten Jungen und Mädchen in einem eleganten Salto über einen gehörnten Stier. Man kann dies als

---

[58] Manfred Lurker, *Wörterbuch der Symbolik*, 1988, S. 690.

klassische Pupertäts-Initiation bezeichnen mit einer Prüfung, die den Einzuweihenden erst zu einem Gemeinschaftsmitglied werden und ihn die Grenzerfahrung des Todes durchmachen ließ. Der riesige, triebhafte Stier wurde – wenn es gelang – graziös, elegant übersprungen, die (religiöse) Grazie stand somit gegen plumpe Masse, es geschah ein Überschlage in den nächsten Lebensabschnitt hinein, ins Erwachsenenleben, in dem man das Animalisch-Triebhafte in sich unter Kontrolle halten sollte. Ulrich Mann denkt, hier sei der Ursprung des Theseus-Mythos anzusiedeln, denn mehr als ein Jugendlicher oder eine Jugendliche sprang dabei in den Tod, indem sie oder er durch den Stier getötet wurden.[59] Die späteren Griechen faszinierte das Stierspiel zwar auch, aber der Kampf war dominierend, das Töten, nicht der Sprung darüber, die griechische Kultur war kriegerischer, kämpferischer, die kretische verspielter, akrobatischer. Bei beiden war aber die Grenzerfahrung des Todes vorhanden.

b) Das Ritual des Todes und der Wiedergeburt des Königs:
Hinter den Königsmysterien stand ursprünglich die Sitte des heiligen Königsmords, zuerst real an Menschen durchgeführt, dann bei einem Stier, dessen Enthauptung die symbolische Vereinigung mit der Großen Göttin darstellte. Seine Enthauptung war das Opfer. Anders ausgedrückt: Der großen kretischen Göttin wurde in kultischen Handlungen ein Stier geopfert von einem Priester mit Stiermaske.

Kerényi beschreibt etwa einen wilden dionysischen Kult, in dem Stiere lebendig zerrissen und roh verschlungen wurden. Solche Kulte hätten sich im alten Kreta jedes zweite Jahr wiederholt.[60] Alle Acht Jahre ("das große Jahr") erfolgte anschei-

---

[59] Ulrich Mann, *Theogonische Tage*, 1970, S. 403.
[60] Karl Kerényi, *Dionysos*, 1976, S. 82.

nend auch ein Erneuerungsritus der kretischen Könige mit gefährlichen Stierspielen. Nach Homer war Minos immer nur neun Jahre lang Königin Knossos, danach musste er seine sakrale Macht als König erneuern lassen, möglicherweise in einem Zweikampf. Nach Kern kommt die Neunzahl der Jahre (griechische Zählweise, tatsächlich waren es acht Jahre) dadurch zustande, dass nach Ablauf von acht Jahren Mond- und Sonnenkalender wieder übereinstimmten, sich also Mond und Sonne wieder an derselben Stelle in Konjunktion befanden. Dieser "heiligen Hochzeit" der beiden Gestirne habe eine rituelle Hochzeit zwischen dem König als Inkarnation des Sonnenstiers (mit Stiermaske) und der Königin (Göttin?) als Inkarnation der Mondkuh (mit Kuhmas-ke) [61] entsprochen.

Wieso aber muss ein Stier geopfert werden? Was heißt das psychologisch?

Jung meint dazu: "Das Tieropfer, wo es die primitive Bedeutung des einfachen Opfergeschenkes verlassen und eine höhere religiöse Bedeutung angenommen hat, steht in innerer Beziehung zum Heros respektive zur Gottheit. Das Tier repräsentiert den Gott selbst, so der Stier den Zagreus-Dionysos und den Mithras, das Lamm Christus usw. Die Opferung des Tieres bedeutet Opferung der Tiernatur, das heißt der triebmässigen Libido."[62] Aber auch: Im Opfer "kauft man sich von der Todesangst los und versöhnt sich mit dem opferheischenden Hades." [63] Denn die Lebenskraft nütze sich ab und brauche in gewissen Intervallen eine Erneuerung. Deshalb müsse der Stier getötet werden, damit nach diesem Opfer die Lebenserneuerung wieder eintreten kann. Das Opfer gehe an die fruchtbare Mutter, an das Unbewusste, "welches die Energie des Bewusstseins spontan an sich

---

[61] Hermann Kern, *Labyrinthe*, 1995, S. 55, Ranke-Graves, *Griechische Mythologie*, 1987, S. 314.
[62] C.G. Jung, „Heros und Mutterarchetyp,", GW8, S. 281.
[63] C.G. Jung, *ebenda*, S. 288.

gezogen hat, weil letzteres sich zu weit von seinen Wurzeln entfernt, der Götter Mächte vergass, ohne welche alles Leben verdorrt oder sich in perverse Entwicklungen mit katastrophalen Ausgängen verliert. Im Opfer verzichtet das Bewusstsein auf Besitz und Macht zugunsten des Unbewussten".[64]

Marie-Gabriele Wosien argumentiert ähnlich, dass nämlich der frühzeitliche Mensch ständig in Furcht lebte und deshalb magische Riten brauchte, um die angsterregenden Aspekte seines Lebens zu bannen.[65] Das Opfer ist auch gemäß Wosien ein Hauptaspekt des Religiösen "als Ausdruck völliger Hingabe an das Göttliche und jedesmal, wenn das Opfer wiederholt wird, ist die Einheit des Urbeginns wiederhergestellt."[66]

In archaischen Gesellschaften gab der Mensch ein Teil von dem, was er erworben hatte (Ernteprodukte) an die göttliche Macht zurück. Das konnte auch das Menschenopfer etwa des Sohngeliebten sein (Beispiel: Attis), später war es nur noch der Stier. Durch die Opferhandlungen wurden die Ängste gebannt, sie führten zu einer psychischen Entlastung.

Ich vermute indes auch, dass die frühzeitliche Vorstellung – wie wir heute immer noch – davon ausging, dass die bewusste Lebensenergie nicht ewig anhalten konnte, sondern rhythmisch, periodisch an Kraft verlor, so wie die Sonne jeden Abend unterging, wie die Vegetation im Herbst zu welken und sterben begann oder wie die politischen Systeme kamen und gingen. Anders als heute glaubte man, in kultischen Opferhandlungen die Lebenskraft wieder erneuern zu können, im Opfertod von Mensch und Tier oder durch die Rückgabe von Ernteprodukten.

Theseus u.a. durchbrachen diese konkretistische Haltung. Nicht ein reales Opfer, sondern ein psychisches Opfer genügte

---

[64] C.G. Jung, *ebenda,*, S. 289.
[65] Maria-Gabriele Wosien, *Tanz im Angesicht der Götter*, 1974, S. 16.
[66] Maria-Gabriele Wosien, *Tanz im Angesicht der Götter*, 1974, S. 26.

auch. Damit ist die Überwindung der Triebhaftigkeit, die Theseus leistete gemeint. Die Lebenskraft wurde dann durch diesen Verzicht und durch die Tat geleistet. Nicht das phasenweise symbiotisch-unbewusste Eintauchen in die großen, lebensspendenden und Leben nehmenden Kräfte des Unbewussten wurde vollzogen, sondern das verzichtvolle lineare Vorwärtsschreiten und -handeln der Helden, die dadurch Geschichte, Kultur und politische Systeme kurz Bewusstseinsstrukturen schaffen. Das musste ebenfalls angstreduzierend wirken. Der tiefe Kontakt zum Unbewussten wurde Aufgabe der Frauen. Von Ariadne?

Göttin und Heros im Wandel

Um die Figur der Ariadne besser einordnen zu können, müssen wir uns zuerst mit der kretischen Mythologie-Geschichte und ihrem Wandel beschäftigen. Sieht man die mythologischen Figuren der kretischen Geschichte genau an, so entdeckt man als Grundlage zunächst das Göttin-Heros-Schema, symbolisiert durch Mondgöttinnen und früher menschlichen, später vergotteten Sonne-Stiergeliebten: Neumann spricht von *Europa* als von der weissen Mondkuh.[67] *Pasiphaë* ist eine Mondgöttin ("Sie, die allen scheint"). Pausanias bezeichnet sie ausdrücklich als Mond,[68] sie vereinigt sich mit dem weißen Poseidon-Stier (Auch Poseidon wird oft in Ägypten, Kreta und Griechenland als Stierbulle dargestellt.). Ariadne als *Aridela* ist die "überaus Klare", "die überaus Reine", auch eine Mondgöttin. Sie reitet oft auf einem weißen Stier. Ihre Schwester heisst *Phaidra*, die "Glänzende" (Sie ist ebenfalls eine Geliebte von Theseus.). Selbst *Aithra* (=Himmelslicht), die Mutter von Theseus und Gattin Poseidons scheint dazuzugehören.

---

[67] Erich Neumann, *Ursprungsgeschichte des Bewusstseins*, 1949, S. 94.
[68] Hermann Kern, *Labyrinthe*, 1995, S. 55.

Bei den Göttern nun aber wird in den uns bekannten Erzählungen die Stierrolle durchbrochen. Vom alten Göttin-Heros-Modell wird abgewichen. *Zeus* verführt Europa zwar noch in der Gestalt eines Stieres, wie Ranke-Graves schreibt. Er kommt zu ihr in Gestalt eines Stieres und Europa ist von ihm so hingerissen, dass sie sich auf seinen Rücken setzt und übers Meer nach Kreta tragen lässt. Später heiratet sie, nachdem sie von Zeus verlassen worden ist "Asterios" ("zu den Sternen gehörend")[69,] einen kretischen König.

Aber bereits Minos (was eigentlich noch Stier bedeutet) hält sich nicht mehr an das Schema. Da die Ehe Europas mit Asterios kinderlos bleibt, adoptiert Asterios Minos und andere Kinder. Zeus scheint ein besonders inniges Verhältnis zu Minos gehabt zu haben. Er erzieht ihn persönlich und erhört ihn, als es um die Rache an Athen geht. Alle 9 Jahre hätten "Plauderstunden" zwischen den beiden stattgefunden, heißt es in späteren Überlieferungen, Minos hätte dann vor Zeus das Erlernte vorweisen müssen. So habe Minos aus diesen Gesprächen die Gesetze für sein Volk gewonnen, sagt etwa Platon.[70] Die ältere Version lautet wie gesagt, dass nach neun Jahren der kretische König seine sakrale Macht durch gefährliche Stierspiele erneuern lassen musste. Daraus wurden Gespräche mit Zeus.

Minos beansprucht nach dem Tod Asterios den kretischen Thron und bereitet Poseidon ein Opfer vor. Er betet, dass ein Stier dem Meer entsteigen möge In diesem Augenblick schwimmt ein strahlend weißer Stier ans Ufer, von dessen Schönheit Minos so überwältigt ist, dass er ihn sogleich behält und an dessen Stelle ein anderes Tier tötet. Minos kommt zwar noch mit den archetypischen Bildern und Kräften in ihm in Kon-

---

[69] Möglicherweise war Asterios eine Vermännlichung von Asterië, der Königin des Himmels und Schöpferin der planetaren Kräfte.
[70] *Der kleine Pauly, Lexikon der Antike*, Bd.3, 1979, S. 1332f.

takt, kann sie aber nicht mehr loslassen, kein Opfer mehr bringen, er kann seine Wünsche nicht beherrschen, sondern wird von ihnen überwältigt. Das muss Folgen haben.

Minos wird König und heiratet Pasiphaë, eine Tochter des Helios und der Nymphe Krete, auch *Perseis* genannt. Die Rache Poseidons ist, dass er Pasiphaë – Ariadne ist ihre Tochter – sich in den nicht geopferten weißen Stier verlieben lässt. Andere Versionen erzählen, der Stier sei daraufhin wild geworden, habe Kreta verwüstet, bis ihn Herakles einfängt und nach Mykene bringt. Dort schweift er lange herum, bis er von Theseus gefangengenommen wird. Der kretische und der marathonische Stier sind in diesen Versionen identisch.

Wir haben also einen Stier, der statt wie bislang periodisch geopfert, am Leben gelassen wird und Unheil und Verwüstungen anzurichten beginnt. Das männliche Bewusstsein will sich einerseits nicht mehr mit der untergeordneten Rolle des Sohngeliebten zufrieden geben, der phasenweise (symbolisch) geopfert werden muss, andererseits will es keine vollständige Regression bzw. Symbiose mehr mit den Unbewussten durch die Opferung. Die Entwicklung des männlichen Bewusstseins scheint aufzuzeigen, dass weniger Todesangst vor dem Unbewussten da ist, weniger Angst vor dessen triebmässigen Wünschen, sodass das Opfer nicht mehr nötig ist.

Der Heldenkampf von Theseus kann an dieser Stelle beginnen. Das männliche Bewusstsein braucht keine Delegation an eine göttliche Instanz (Priester) mehr, um den Stier zu töten, sondern gibt sich diese Berechtigung selber. Es emanzipiert sich von den Göttern. Eine kollektive Bewusstseinsänderung ergibt sich, eine Änderung des Zeitgeistes, die der Held vorbereitet. Damit wird der Weg auch frei für eine Emanzipation von Ariadne. Sie kann eine Frau werden, sie braucht nicht mehr nur Göttin zu sein.

Ariadne entwickelt in der Theseus-Geschichte ihren Animus. Sie verweigert sich zunächst ihrem "Schicksal", einen Gott zum Manne zu haben, und steigt vom Götterthron (den sie war früher eine kretische Göttin) herunter. Sie wird sterblich, vergänglich. Ihr Thema ist die Liebe, sie will ihre Unabhängigkeit nicht um jeden Preis erhalten, wie etwa die sumerische Liebesgöttin *Inanna* oder die babylonische *Ischtar*. Sie will Bezogenheit, Verpflichtungen, sie will einen Partner, keinen Sohn oder göttlichen Partner. Dieser Bewusstseinsschritt gelingt der Figur Ariadne jedoch nur ansatzweise, nicht dauerhaft.

Viele Überlieferungen sprechen davon, dass Ariadne ein leidvolles Schicksal hat. Sie liebt und wird verlassen. Ältere Versionen sagen, sie sei bereits die Geliebte von Dionysos gewesen, als sie sich in Theseus verliebt. Das Verhalten von Theseus wird immer als Treuebruch betrachtet, deshalb kommen Freud und Leid bei Ariadne zusammen. Ihr Kult etwa in Naxos wechselte von einer Freudenfeier zum einer Trauerfeier hinüber.[71] Sie macht sich in griechischen Versionen aber auch schuldig, da sie ihren Bruder Minotauros verrät.

Theseus nimmt Ariadne und ihre Schwester Phaidra mit auf sein Schiff. Auf der Insel Dia, einer kleinen Insel vor Naxos, sinkt Ariadne in einen tiefen Schlaf bzw. in eine tiefe Regression. Ihr Animus erlahmt wieder, ihr Individuationstrieb hört auf. Sie kann ihre Entscheidung für einen Partner nicht zu Ende führen. Dionysos erscheint Theseus im Traum und gibt ihm bekannt, dass das Mädchen ihm gehöre, deshalb verlässt Theseus Ariadne. Nach viel älteren Erzählungen ist sie sogar tot. Dionysos ruft mit dem Wort "martyriai" Artemis zu Hilfe, wie Menschen, die Götter anrufen, wenn ihnen Unrecht geschieht. Artemis straft Ariadne deshalb mit dem Tode.[72] Ein kyprischer Kult

---

[71] Walter F. Otto, *Dionysos*, 1960, S. 170.
[72] Karl Kerényi, *Dionysos*, 1976, S. 93.

erzählt auch, Ariadne sei im Kindbett gestorben. Sie sei in den Wehen gestorben, ohne geboren zu haben.[73]

Sie fährt darauf mit Dionysos in seinem Wagen in den Himmel. Das kann man auch als Himmelfahrt der Persephone und Hades sehen oder auch der Himmelfahrt Semele mit Dionysos. Es heisst aber auch, Dionysos habe sie auf einen Berggipfel der Insel Naxos geführt, worauf zuerst er, dann sie verschwindet.[74] Der Vollzug der Heiligen Hochzeit geschieht mit dem Gott Dionysos. Ihrem Gatten Dionysos gebärt sie die sechs Kinder *Oinopion, Thoas, Staphylos, Tauropolos, Latromis* und *Euanthes*.

Ariadne – die göttliche Königin Kretas

Doch kehren wir zurück zum minoischen Kreta, wie es sich vor dem Abenteuer von Theseus repräsentierte. Kretas Kultur war wie gesagt geprägt von "unerhörten Mysterien des Chthonischen" (Ulrich Mann), von wilden dionysischen Opfer-Kulthandlungen der Zerreißung der Stiere, von akrobatischem Stiersprung, von einer eleganten Grazie, von weisen Frauen mit königlichem Verstande, die Zwiste unter Männer schlichten (Homer), von jungen Frauen und jungen Männern, die ähnlich gekleidet sind. Kann man so weit gehen und behaupten, die Kultur sei geprägt gewesen von einer Ausgeglichenheit der Geschlechter?

Selbst wenn die Nachwelt immer Tendenzen zur ideologischen Verklärung früherer Zeiten aufweist und die Vergangenheit geduldig genug ist, dass sie das zulässt – denn wer weiß mit Sicherheit, "wie es eigentlich gewesen ist" (Dilthey) – so scheinen doch die Fakten zu zeigen, dass das minoische Kreta

---

[73] Walter F. Otto, *Dionysos*, 1960, S. 55.
[74] Walter F. Otto, *Dionysos*, 1960, S. 164.

gleiche Identifikationschancen für Mann und Frau bot. Carola Meier-Seethaler vermutet, dass in Kreta eine "weibliche und eine männliche Identifikationsmöglichkeit für das sakrale Opferkönigtum bestand ... dass in der Vorpalastzeit sowohl auserwählte Mädchen im Namen der 'Kore' wie auch auserwählte Jünglinge im Namen des Vegetationsgottes ... den Opferweg für ihr Land gegangen sind."[75] Sie vermutet ferner, dass die Heilige Hochzeit ursprünglich die Vereinigung eines Priesterkönigs mit einer Priesterkönigin war. "In diesen Zusammenhang könnte der von Homer überlieferte *Springtanz* der *Kreter* gehört haben, bei dem eine Reihe junger Paare einen kultischen Fruchtbarkeitstanz mimten, der wahrscheinlich den Balztanz einer Vogelart nachahmte (des Kranichs oder des Rebhuhns? IM), wie später der im Detail überlieferte Kranichtanz auf der Insel Delos. Nach Homers Schilderung fand dieser Springtanz auf dem "Tanzplatz der Ariadne' statt (Tanzplatz von Knossos) ...".[76] Ich erinnere außerdem daran, dass es sowohl Stierspringerinnen wie Stierspringer gab. In Kreta scheint der Archetyp des Paares prägnanter gewesen zu sein als anderswo.

Das Thema von Jünglingsgeliebten und Göttin dominierte weniger stark, denn es muss sowohl Könige wie Königinnen gegeben haben. Der "Lilienprinz" war ein Priester-König, die "Pariserin" eine Priester-Königin, wie die Archäologen meinen.[77] In welchem Zusammenhang standen Ariadne und Dionysos zu ihnen?

Ariadne kennen wir erst seit Homer als sterbliche Königstochter, in vorhomerischen Zeiten war sie eine Göttin und wurde vor allem in Kreta, Naxos, Kypros, Delos, also auf den Inseln verehrt. Hinter Ariadne versteckt sich der Begriff – wie bereits

---

[75] ebenda, S. 173.
[76] Walter, F. Otto, *Dionysos*, 1970, S. 174.
[77] J. A. Sakellarakis. *Führer durch das Museum Heraklion*, 1977, S. 120.

erwähnt – der *ari-hagne*, was mit die "überaus Reine", "die sich Offenbarende" oder "die Hochheilige", auch "die hohe, fruchtbare Gersten-mutter" bedeutet. Puppen, die Ariadne darstellten, hängte man in die Weinberge oder an die Obstbäume, damit die Bäume fruchtbar waren, sie war also auch eine Vegetationsgöttin.

Das Beiwort *hagne* erhielten auch andere Göttinnen. *Ariagne* wurde auch Aphrodite genannt, überhaupt alle Göttinnen, die dem Wasser, der Geburt und dem Tod angehörten wie Artemis, Demeter, Aphrodite oder Persephone.[78] Ariadne oder Persephone oder Aphrodite sind manchmal schwer auf Bildern zu unterscheiden.[79] In Zypern verehrte man sie als Aphrodite Ariadne. Auf Delos stellt Theseus ein altes Schnitzbild der Aphrodite auf, das an Ariadne erinnern soll. Ariadne ist also auch eine Liebesgöttin.

Als *Aridela,* als "die überaus Klare" oder "weithin Sichtbare" war Ariadne nach Ranke-Graves eine kretische Mondgöttin.[80] *Ariadne* und *Aridela* hieß auf den südlichen Inseln eine Göttin mit zwei Aspekten, einen dunklem und hellen Aspekt. Dass sie eine Göttin war, sieht man auch daran, dass sie als "Herrin des Labyrinths"[81] bezeichnet wurde. Der Herrin des Labyrinths soll man Honig opfern,[82] heißt es auf einem Tontäfelchen. Honig war nun aber die älteste Götterspeise überhaupt. Sie war die eigentliche göttliche Königin Kretas.[83]

Ariadne trägt also Züge einer Mond-,Vegetations- und Liebesgöttin und unterscheidet sich von daher von einer reinen Lie-

---

[78] Walter, F. Otto, *Dionysos,* 1970, S. 166.
[79] Karl Kerényi, *Mythologie der Griechen,* Band 1, 1988, S. 210ff.
[80] Von Ranke-Graves, *Griechische Mythologie,* 1987, S. 315.
[81] K. Kerényi, „Die Herrin des Labyrinths", 1967, S. 267.
[82] Karl Kerényi, *ebenda,* S. 269.
[83] Karl Kerényi, *Dionysos,* 1970, S. 94.

besgöttin, wie sie Inanna oder Ischtar darstellen.[84] Ischtar verkörpert die erotisch-aggressive-kriegswütige Göttin, der Mutterschafts- und Fruchtbarkeitselemente fehlen. Nicht so bei Ariadne. Dennoch haben diese beiden Göttinnen gemeinsame Wurzeln. Sie liegen meines Erachtens in der Sexualität und Liebe, in der Ekstase, im Rauschzustand, was ein wichtiges Element bei Ariadne ist, wie wir noch sehen werden. Immerhin ist Ariadne ja die Gattin von Dionysos. Die Mutterschaft ist jedenfalls nicht ihr zentrales Kennzeichen, sie ist die "Herrin des Labyrinths", nicht die "Mutter der Labyrinths". Wo und wer ist jedoch der Partner von Ariadne im Labyrinth?

Auf Münzen aus Knossos wurde das Labyrinth seit dem 5. Jh. v. Chr. durch ein Zeichen angedeutet. Bei den ältesten Stücken der knossischen Münzen war entweder der Minotauros im Knielaufschema in der Mitte oder dann der Kopf einer Göttin meistens mit einer Getreidekrone, Persephone oder Ariadne. Auf einer Münze stand der Neumond in der Mitte des Labyrinths. Auf einer anderen knossischen Münze standen eine wachsende und eine abnehmende Mondsichel unter dem Labyrinth und in der Mitte ein Stern (*aster*)[85] Zum Labyrinth gehörten also die Herrin des Labyrinths, Ariadne und der Minotauros bzw. Asterios. Doch dieser Minotauros scheint nicht derselbe wie derjenigen aus der Verbindung Pasiphaës mit Poseidon zu sein, derjenige, den wir von den Griechen kennen.

Auf Vasen wird er, wie gesagt, oft mit sternenübersätem Körper dargestellt und von seinen Anhängern als Stern verehrt. Als Asterios wird nun aber auch Dionysos als Kind und Knabe in den Mysterien angerufen. Dionysos und der Minotauros sind also ähnliche, analoge Personen. Der Minotauros im alten Mythos war Stier und Stern zugleich.

---

[84] siehe Helgard Balz-Cochois, *Inanna*, 1992, 1992.
[85] Karl Kerényi, *Dionysos*, 1976, S. 96.

Nun muss man wissen, dass der Astralaspekt die Vergöttlichung des Königs bedeutet. Wenn nun der Minotauros nicht einfach eine "üble Spottgeburt" (Euripides) ist, wie in den Augen der Griechen, wer ist er dann? Ist es vorstellbar, dass er ein Priester mit Stiermaske ist, der Dionysos darstellt? Steht hinter dem Priesterkönig Dionysos, hinter der Priesterkönigin Ariadne, und begegnen sich die beiden, ergriffen von den hinter ihnen stehenden Archetypen in einer Heiligen Hochzeit, im Zentrum des Labyrinths? Tanzten ursprünglich junge Paare durch das Labyrinth, wie die Theseus-Sage ja zeigt?

Kerényi meint, Dionysos habe ein altes Anrecht auf Ariadne gehabt, es sei eine geheimnisvolle Liebe zwischen den beiden gewesen.[86] Sie sei die eigentliche Königin der dionysischen Frauen gewesen. Wer war nun genau dieser Dionysos?

Dionysos – der Gott der Ekstase

Es gibt nichtgriechische Anteile in seinem Namen, die wahrscheinlich aus phrygischen und lydischen (aus dem kleinasiatischen Raum) Anlehnungen kommen. Im Namen Dionysos steckt auch "Deunysos", "Zounysos" = Zeus, Dios Dionysos = des Zeus-Sohn heißt er auch.[87] Er stammt aus Phrygien oder Lydien, hatte dunkle Locken, während die meisten griechischen Götter blonde Haare haben. Auffällig ist, dass er seinen Weg übers Meer von Kreta über Naxos, Delos nach Attika findet. Seit dem Ende des 2. Jahrtausend muss er ungefähr im Mittelmeerraum bekannt gewesen sein.[88] Er gilt als Weingott, Vegetationsgott, Baumgott und ist der Meister der Totengeister (Auf

---

[86] Karl Kerényi. *Die Herrin des Labyrinths*, 1967, S. 270.
[87] Walter Burkert, *Griechische Religion der archaischen und klassischen Epoche*, 1977, S. 253.
[88] Walter F. Otto, *Dionysos*, 1960, S. 56.

alten Darstellungen nimmt er den Platz ein, wo man Hades erwarten würde.).

Seine Herkunftsgeschichte ist sehr vielfältig. Ich würde einen frühen Dionysos von einem späten unterscheiden. Der frühere trägt Elemente des *Göttin-Heros*-Schema, der spätere Dionysos stellt m. E. mit Ariadne den Archetyp eines *partnerschaftlichen Paares* dar.

Der frühe Dionysos – ein ewiger Jüngling

Besonders der thrakische Dionysos-*Zagreus* hat ein typisches Wiedergeburtsschicksal: Hera stachelt die Titanen gegen Zagreus auf, der ihnen durch ständige Wandlung zu entkommen versucht. Als sie ihn erreichen, ist er gerade ein Stier geworden. In dieser Gestalt töten und zerstückeln sie ihn und werfen die Stücke in einen Kochkessel. Zeus tötet die Titanen mit dem Blitz und verschluckt das noch zuckende Herz des Zagreus, was ihm die Wiedergeburt gibt. Er wird als Iakchos geboren. Der orphischen Legende nach wird Iakchos von Persephone aufgezogen.[89]

In noch älteren Versionen heißt es, Demeter sammelt die Glieder wieder ein. So entstand der Weinstock. Oder dann wird er als der Sohn der Persephone oder der Demeter beschrieben und sei ursprünglich das vorbestimmte Opfer der Mondgöttin gewesen.

Als Vater wird auch *Hades* genannt (Hades= unterirdischer Zeus, "Zeus Katachthonios").[90] Deshalb hat er auch den Beinamen *Chthonios* "Unter-irdischer". Erst später wird er zu einem Sohn des Zeus und der sterblichen Kadmostochter *Semele* (=

---

[89] C.G. Jung, „Heros und Mutterarchetyp,"GW 8, S. 196.

[90] Laut Orphiker wurde Zagreus (= grosser Jäger) als Stier ebenfalls von den Titanen überwältigt und zerrissen, er war der Sohn Zeus mit Persephone, Aeschylos bezeichnet ihn aber auch als Sohn Hades. Zagreus gilt als der 'chthonische' Dionysos.

phrygischer Namen der Erdgöttin). Zeus trägt ihn im Schenkel, nachdem Semele starb, weil sie ihren göttlichen Liebhaber in seiner wahren Gestalt sehen wollte. Sie hielt das Bild von Zeus unter Donner und Blitz nicht aus. Am Ende seines Lebens verschwindet Dionysos in der Tiefe oder im Himmel, niemand weiß wohin, er taucht jeweils erst im Frühling vom Meer her wieder auf. Mit seinem Einzug belebt sich die Natur, was mit Festen gefeiert wurde.

Nach Heide Göttner-Abendroth wird der frühe Dionysos nach der Heiligen Hochzeit, dem orgiastischen Fest, von den Mänaden in Stücke zerrissen. Nach seinem Tode weilt er bei Persephone in der Unterwelt, bis er von Demeter wiedergeboren wird.[91] Demeter galt in Kreta als uralte Muttergöttin und ist als Mondgöttin die kretische Ariadne, die mädchenhafte Göttin des Mondes. Es gibt ein Vasenbild, worauf Dionysos nach seiner Geburt einer Frau mit Namen Ariagne übergeben wird. Dionysos ist in dieser Version der Heros der Göttin Ariadne.

Deshalb ähnelt sein Schicksal dem Schicksal von *Osiris*, der nach der Zerstückelung von *Isis* gesucht und wieder zusammengesetzt wird. Zerstückelt werden die Sohngeliebten häufig von einem wilden Tier oder einem dunklen Bruder, aus einer Macht jedenfalls, die im Umkreis der Großen Göttin steht. Aus der Zerstückelung setzt sich das Leben wieder zusammen. "Wie ein Schmied die Stücke aneinanderfügt, so wird der zerstückelte Tote wieder zusammengesetzt wie es der Weltschöpfer 'Brahmanaspati' tut,"[92] schreibt Jung.

Was bei diesen frühen Geschichten auffällt, ist das gewaltige inzestuöse Urchaos. In vielen Geschichten ist eine Frau zugleich Jungfrau, Mutter, Amme und Gattin zugleich ist. Die Geschichten von Semele und Dionysos und Ariadne und Dio-

---

[91] Heide Göttner-Abendroth, *Die Göttin und ihr Heros*, 1980, S. 50.
[92] C.G. Jung, „Heros und Mutterarchetyp,", GW 8, S. 216.

nysos lauten oft gleich. Ariadne ist auch Persephone, die Tochter von Demeter bzw. Rhea. Erst später erhält sie Pasiphaë zur Mutter. Ariadne soll sogar Theseus geboren haben.[93] In der frühen Ariadne lassen sich also viele Göttinnentypen auffinden: von Artemis über Aphrodite bis hin zu Persephone.

Die Lebensenergie, die der frühe Dionysos symbolisiert, ist diejenige, die immer wieder regrediert, zur Mutter zurück will, keine Inzestangst hindert dieses Zurückfließen. Doch die "Strafe" folgt sogleich, der Sohngeliebte muss sterben für den vollzogenen Beischlaf. Die suchende Sehnsucht von Dionysos ergießt sich immer nur in den Schoss von Ariadne. Die Sehnsucht nach der Symbiose, nach den tiefen Quellen des Seins ist hier noch unverfälscht vorhanden, nur endet sie mit dem (Bewusstseins-)Tod, der auf der Götterebene zwar noch die Wiedergeburt bringt.

Was bedeutet dies für den männlichen Weg? Der ewig wiedergeborene Jüngling geht immer wieder ins kollektive Unbewusste ein, nur ist eine solche Person triebhaft-unbewusst. Die Unsterblichkeit soll von der Mutter, nicht von der väterlichen Welt kommen (Kultur, Symbole). Er opfert sein Bewusstsein, seine Männlichkeit, letztlich sich selber, deutlich sichtbar bei Attis, dem Sohngeliebten von Kybele, der sich selber kastriert. Auch Dionysos fehlen Heroeneigenschaften wie Kraft, Mut ein Wagnis einzugehen, er hat stattdessen Angst vor dem Weiblichen. Die Widerstände, die auftauchen, lähmen ihn, anstatt ihn herauszufordern. Dionysos steht auch kein hilfreicher Vatergott zur Verfügung wie etwa Theseus, und Ariadne ist keine hilfreiche Freundin, sondern Mutter, Amme, Geliebte zugleich. Lieber opfert man dieser Großen Göttin einen Honigkuchen, damit sie nicht todbringend wird, anstatt sich kämpferisch mit ihr auseinanderzusetzen.

---

[93] Karl Kerényi, *Dionysos*, 1976, S. 94.

Frauen wiederum steht in dieser Version weder ein echter Animus, noch eine echte Anima zur Verfügung. Sie sind selber noch zu stark an das Mutterbild gebunden, bei dem unter anderem Sexualität mit Fruchtbarkeit gleichgesetzt wird. Das ändert sich im Bild des späteren Dionysos.

Der spätere Dionysos

Der spätere Dionysos ist "erwachsener" geworden, komplexer, gegensatzreicher und im Grunde genommen ein Gegenbild zu Zeus.

Dionysos gilt als ein Kulturbringer, er bringt den Griechen die Weinkultur (Sehr viel später entwickelt sich daraus die Komödie und Tragödie.). Symbol des Weingottes sind Wein- und Efeuranken, der Thyrsos (ein federnder Stab mit einem Efeugewinde am oberen Ende, was an einen Pinienzapfen erinnert). Der Wein stammte übrigens aus Kreta, er war keine Entdeckung der Griechen.

Häufig erscheint Dionysos in Tiergestalt als Bock oder Stier. In Elis riefen ihn die Frauen mit folgenden Worten an: "Komm Herr Dionysos ... in den Tempel, mit Stierfuss stürmend, würdiger Stier, würdiger Stier."[94] In Argos rief man den Stierdionysos mit Trompetenstößen aus der Wassertiefe. Oft wird er auch mit Stierhörnern dargestellt, in Kyzikos gibt es ein stierartiges Kultbild. Im Mythos wird erzählt, wie er als Stierkalb geschlachtet und von Titanen gegessen wird.[95] Er kann aber auch der vielköpfige Drache oder der feuerflammende Löwe sein.

---

[94] Walter F. Otto, *Dionysos*, 1960, S. 75.
[95] Walter Burkert, *Griechische Religion der archaischen und klassischen Epoche*, 1977, S. 113f.

Vor allem aber ist er der Gott des "seligsten Rausches, der verzücktesten Liebe" (Walter F. Otto). Er bezaubert, ergreift die Leute, befreit und heilt sie, wenn sie in den dionysischen Mysterien in Ekstase geraten. Er lässt Mauern einstürzen und macht dadurch prophetisch Zukünftiges sichtbar. Gleichzeitig bringt er Raserei und Zerstörung, wenn seine Anhängerinnen im Kult Tiere oder Kinder zerrissen und verschlangen, wie es der Sage nach geschehen war. Ein unheimlicher Zwiespalt steckt in diesem Gott.

Es dauert lange bis er in den Olymp aufgenommen wird, er wird als Eindringling betrachtet. Teilweise muss er sich die Anbetung regelrecht erzwingen. Er verwischt Standesunterschiede und hat zu Beginn vor allem Anhänger bei der ländlichen Bevölkerung. Es kursierten Geschichten, wenn man Dionysos nicht besänftige, schlage er die Menschen mit Wahnsinn, sodass sie ihre Kinder roh verschlingen. Der Bau eines Tempels könne ihn aber besänftigen. So hatte sich der thrakische König *Lykurgos* gegen den Dionysos-Kult gestellt. Dionysos rächte sich und schlug ihn mit Wahnsinn, worauf dieser seine eigene Familie tötete.

Der Triumphzug, den er anführt, besteht vorwiegend aus Frauen mit Ariadne an der Spitze, die enthusiastisch Dionysos aus sich sprechen lassen und zu den Tönen der Flöte, Pauke und Tamburine tanzen und singen, also in sehr bewegte Zustände kommen und im Rausche dem Gott über Berge und Wälder folgen. Schnee, Kälte, Feuer können ihnen anscheinend nichts antun. Die Heilige Hochzeit soll ursprünglich im Freien auf Berggipfeln stattgefunden haben und soll orgiastisch gewesen sein.[96]

Die männlichen *Satyrn* im Gefolge sind halb menschlich, halb tierisch, tragen eine Gesichtsmaske mit Bart und Tieroh-

---

[96] Heide Göttner-Abendroth, *Die Göttin und ihr Heros*, 1980, S. 34.

ren, was ihre Identität verbirgt, ein Lendenschurz hält ihren ledernen oft erigierten Penis und den Pferdeschwanz. Bei den Dionysosfesten traten solchermassen verkleidete Satyrn und Mänaden tatsächlich auf.[97]

Die *Bakchai* (*Mänaden, Thyiaden oder Bakchantinnen*) sind immer nur Frauen (Priesterinnen), bei der Verehrung des Dionysos bleiben sie unter sich. Sie tragen oft lange Kleider und ein Rehfell, das sie um die Schulter schlingen. Sie sind stets bekleidet, tanzen in Trance, den Kopf starr nach hinten geworfen und zerreissen im orgiastischen Taumel junge Rehe und verzehren sie roh. Die Verbindung zum Totenreich ist hier sichtbar. Heraklit sagte nicht umsonst: "Hades und Dionysos, dem sie rasen und toben, sind einer und derselbe." [98]

Wer sie von Ferne beobachtet, kann ihr Treiben wenig von der "Wut" unterscheiden ("Mania"). Sie zeigen alle Arten davon wie Liebeswut oder Zorneswut, deshalb heissen die Frauen um Dionysos auch *Mänaden*, der Gott selbst *mainomenos* der Wütende im weiteren Sinne und nicht etwa der Wahnsinnige.[99] Walter F. Otto meint allerdings, ihre Art des Liebens habe mit reiner Sexualität, mit zügelloser Lust (wie derjenigen der Satyren) wenig zu tun.

Sie vertreten ein hohes Ideal, meint Otto, sind nicht einfach nur für flüchtige Abenteuer, sind nicht einfach hemmungslos, sondern selbst in den Orgien vornehm und unnahbar. "Ihre Wildheit hat mit der wollüstigen Erregung jener halbtierischen Gesellen, die sie umkreisen, nichts zu tun,"[100] schreibt er vielleicht etwas idealisierend. In diesen außerordentlichen Zustän-

---

[97] Walter Burkert, *Griechische Religion der archaischen und klassischen Epoche*, 1977, S. 258.
[98] Walter F. Otto, *Dionysos*, 1960, S. 107.
[99] Karl Kerényi, *Götter-und Menschheitsgeschichte*, 1988, S. 204.
[100] Walter F. Otto, *Dionysos*, 1960, S. 161.

den kommen sie mit tiefem Wissen in sich in Kontakt, holen tief schlummernde Emotionen aus ihrem Körper hervor, die tiefste Sehnsüchte ausdrücken.[101]

Diodoros beschreibt diese ekstatischen Frühlings-Tänze der Mänaden: "Alle zwei Jahre versammelten sich in vielen griechischen Städten Scharen von Frauen, Anhängerinnen des Dionysos. Es war Sitte, dass junge Mädchen, den Thyrsos-Stab tragend, gemeinsam ausschwärmten und mit Orgien dem Gott Verehrung darbrachten; auch die verheirateten Frauen feierten die Gegenwart des Dionysos in organisierten Gruppen, wobei sie die Mänaden nachahmten, von denen es heißt, dass sie den Gott ständig begleiteten."[102] Die Frauen verließen einfach Häuser, Kinder, Ehemänner und durchbrachen somit die bestehende Ordnung. Man fand die Feiernden Tage später zu Tode erschöpft, schlafend, bewacht von Frauen aus der Gegend. Männer durften nicht dabei sein.[103]

Dionysos ist so absolut, so ausschließlich, so aufwühlend und grenzüberschreitend, wenn er die Menschen bei ihren Wurzeln packt. Fällt den Frauen diese Absolutheit leichter, sind deshalb vor allem Frauen seine Anhängerinnen?

Es gab früher Dionysos-Masken, die Menschen trugen, um in der Identifikation mit dem Gott besser zu rasen und tanzen, um die Aufhebung des Ichs zu erfahren. Die Gefahr einer Überlastung und Zerstörung des Ichs ist dabei nicht von der Hand zu weisen, vor allem, wenn die Ichkräfte nicht ausreichend sind. Man bleibt mit den archetypischen Kräften und mit der Gruppenidentität identifiziert und kann nicht mehr zurück in die begrenzende, menschliche Haut schlüpfen. Die Maske hilft bei diesem Transformationsprozess, sie trägt zur Entpersönlichung

---

[101] Verena Kast, *Freude, Inspiration, Hoffnung*, 1991, S. 140.
[102] Maria-Gabriele Wosien, *Tanz im Angesicht der Götter*, 1974, S. 19.
[103] Verena Kast, *Freude, Inspiration, Hoffnung*, 1991, S. 141.

und gleichzeitig zur Identifikation mit Dionysos bei, sodass die archetypische Erfahrung des Ganzseins möglich wird. Nach dem Mysterium kann sie wieder abgenommen werden.

Dionysos wurde mit Riten, Tieropfern, Wein- und Trancetänzen gefeiert, um ganz gezielt den Zustand der Ekstase zu erreichen, in dem das normale Bewusstsein überflutet und normalerweise unterdrückte Gefühle frei werden. "Dieses Erlebnis der Verzückung, des Ausser-sich-Seins, ist gleichzeitig ein Sich-Aufladen mit einer Kraft, die grösser ist als die eigene," so Wosien.[104] Die freiwerdende Energie äußert sich in Tanzbewegungen. Ekstase und Opfer sind dabei verwandt, da sie den Körper als Gefäß so entleeren, dass ein Gott – Dionysos –in ihn einziehen kann. Spätere Tanzkulte waren "zivilisierter", etwa derjenige von Apollo, der zur Lyra sang und tanzte.

In den dionysischen Mysterien erlebt man sich für einen Moment als unzerstörbar, erlebt sich als menschlich und göttlich zugleich, erlebt die Symbiose mit Natur und Kosmos, ist eins mit allem und schöpft aus diesem Erlebnis Kraft für den Alltag. Gemäß Kast braucht es dieses phasische Abwechseln von Individuation und Symbiose. Je durchlässiger die Ichgrenzen sind, je autonomer, individueller wir sind, desto öfters können wir diese ekstatische Symbiose erleben.[105]

Nun stellt sich natürlich die Frage, in welchem Zusammenhang das obige Gesagte zu Ariadne und zu einem weiblichen Individuationsweg steht. Zunächst einmal: Ariadne ist eine verwirrend –schillernde Figur – über die man nach wie vor wenig weiß. Es gibt verschiedene Ariadne-Figuren, eine menschliche liebende Frau, eine Göttin, Mutter, Amme und Königin. Sie liebt Theseus, und hilft ihm – notabene wartend – mit ihrer Bezogenheit, sein Abenteuer zu bestehen, gleichzeitig verrät sie

---

[104] Maria-Gabriele Wosien, *Tanz im Angesicht der Götter*, 1974, S. 116.
[105] Verena Kast, *Freude, Inspiration, Hoffnung*, 1991, S. 152f.

ihren Bruder. Danach fällt sie in einen tiefen Schlaf, der fast todesähnlich ist und geht mit Dionysos weg. Sie lässt es geschehen, dass Theseus ohne sie nach Athen aufbricht, sie wehrt sich nicht. Ist Dionysos schließlich doch die bessere Alternative für sie? Vermag dieser ihr vielleicht doch mehr zu bieten als dieser Logos-dominierte Theseus? Liegt ihr eine solche Haltung schließlich doch näher, die nicht durch Taten und Entscheidungen geprägt ist, sondern durch Ergriffensein, Ekstase, Wut, Leidenschaft und Enthusiasmus, was ihr Dionysos bietet? Gehört zur weiblichen Individuation die Opferhaltung, indem nämlich der Körper als Gefäß so entleert wird, dass ein Gott – ein Archetyp – in ihn einziehen kann, wie bereits erwähnt?

Mit Opfer ist dabei der tiefe Kontakt mit dem Unbewussten gemeint, der vom Mann eher gescheut wird. Sein Opfer ist es, auf die Triebhaftigkeit zu verzichten, zugunsten einer vermehrten Ichfestigkeit, die fähig ist, auf das Unbewusste zu hören, sich aber nicht mehr überwältigen zu lassen. Der Archetyp hingegen, der Ariadne verkörpert, ist derjenige der Beseelung, des Lebens, das mit tiefen Kräften des Unbewussten in Verbindung steht, die im ekstatischen Taumel hervorgeholt werden können. Das machte ihre Göttlichkeit aus. Das, was für einen Moment geopfert wird, ist das Ich. Ich vermute, dass in den kretischen Ritualen Männer wie Frauen diese dionysisch-ariadnischen Mysterien periodisch feierten und dadurch neu belebt wurden.

Das ist das, was das Labyrinth vielleicht ursprünglich darstellt: Ein Symbol für die Belebung zwischen Mann und Frau, nicht im Sinne der Fruchtbarkeit und der Fortpflanzung, sondern im Sinne der Sexualität, im Sinne der Archetypus des Paares. Ein Labyrinth in Finnland dokumentiert das:

4. Zusammenfassung

Es bleiben viele Fragen offen. Außerdem blieb nicht genügend Zeit, um die historischen Fakten genügend zu sichten. Das hätte den Rahmen der Thesis gesprengt. Was also bleibt zu sagen übrig?

Ich glaube, einige Antworten auf folgende Fragen dürften umrissartig möglich sein: Welche neue Blickwinkel erlaubt der Mythos von Theseus-Ariadne bzw. Dionysos-Ariadne uns Menschen im ausgehenden 20. Jahrhundert? Gibt es geschlechtsspezifische Arten des Individuationsweges? Was sagt uns das Labyrinth? Wo liegt sein symbolischer Gehalt?

1.
Es ist meines Erachtens schwierig, von einem rein weiblichen bzw. männlichen Individuationsweg zu sprechen, da in beiden Mythen Paare im Fokus stehen. Es gibt z. B. kaum ein Bild, auf dem sich Theseus und Ariadne nicht berühren, fast immer an Kopf und Geschlecht (Logos/Eros).

Deshalb dünkt es mich besser, von einem *animus-geprägten Paar Ariadne-Theseus* zu sprechen, das einen bestimmten Individuationsweg bis zur Insel Dia geht. Theseus setzt auf diesem abenteuerlichen Weg durch das Labyrinth Kraft, Mut, Standhaftigkeit, Entscheidungsvermögen ein und lernt durch Taten einen Bezug zum Weiblichen, zur Anima, herzustellen. Ohne Hilfe einer Frau hätte er vermutlich dort wenig ausrichten können. Ariadne wiederum entwickelt ihren Animus und holt Theseus aus der Gefahr der Regression, der irreversiblen Symbiose mit dem Unbewussten (Wahnsinn) wieder heraus. Theseus erhält außerdem Unterstützung von Poseidon, ist also wie jeder Held mit einer göttlichen Kraft in Kontakt.

Ariadne hingegen ist von keiner Göttin inspiriert. Vielmehr verrät sie die alte Ordnung, das minoische Kreta, sie verrät ihren Status als Göttin, ihren (Halb-)Bruder, ihren Vater und ihre Mutter, sie verrät letztlich das Geheimnis des Unbewussten, den Weg hinein und wieder hinaus. Das muss sie anscheinend, um Frau werden zu können, um nicht auf das alte Heros-Göttin-Schema fixiert zu werden, also als Frau eine fruchtbare Muttergöttin oder unabhängige Göttin wie Inanna oder Artemis sein zu müssen.

Wer die Funktion des *Labyrinths* unter diesem Aspekt beleuchtet, sieht eine Struktur, die stark von der Gegensatzspannung von Bewusstsein und Unbewusstem lebt, innerhalb der Theseus und Ariadne ihren Weg finden müssen. Was elementar erlebt wird, ist die transzendente Funktion, die Vereinigung der Gegensätze, die etwas Drittes erzeugen, etwas Neues, eine neue Stufe des Seins, etwas, was vorher nicht da ist. Die polaren Gegensätze von alt und neu, Hin und Her, Sohngeliebter und Partner, unreif und reif werden betont. Das Dritte, das aus den angenäherten Gegensätzen entsteht, ist dabei mehr als die Summe der zwei. In diesem Sinne würde ich das Labyrinth als männliche Figur bezeichnen, da es den Gesetzen der *Linearität*, der Entwicklung folgt.

Männliches Denken ist ja auf ein Ziel hin bezogen und erobert dabei ständig neues Terrain. Die Lebenserneuerung geschieht insofern durch aktive, aufeinanderfolgende Taten, durch Symbolbildung, durch Kunst und Kultur, nicht mehr durch passive Opferhaltungen. Symbole für den Eros werden gefunden, der Eros selber nicht mehr ekstatisch gelebt. Der Tod hat dadurch zwangsläufig ein anderes, endgültiges Gesicht, im weiblichen Denken ist er nichts Endgültiges, sondern eingebettet in eine zyklische Weltanschauung.

Der Individuationsweg des Paares Ariadne-Theseus geht aber auf der Insel Dia nicht mehr weiter. Theseus verlässt Ariadne, kämpft nicht um sie und verliert seinen Bezug zur Anima, seine Beziehungsfähigkeit. Ariadne wird von den Göttinnen Athene und Artemis in ihrem weiteren Entwicklungsweg behindert, gehorcht dem Geheiß Dionysos und wird wieder unsterblich. Die Theseus-Sage lässt sich an diesem Punkt einordnen in die Vielfalt von griechischen Mythen, in denen Helden beginnen, eine patriarchale Welt zu strukturieren, in denen sie alleine Heldentaten unternehmen.

Der Animus der Frauen bleibt unentwickelt, sie werden auf eine Rolle als Ernährerin, Gebärerin oder unabhängige Frau fixiert. Das männliche Bewusstsein entwickelt sich, erobert die unterschiedlichsten Bereiche und unterlässt es, in einer bezogenen Haltung dem weiblichen Geschlecht gegenüber zu bleiben. Tendenzen von Angst, Unterdrückung oder Vernachlässigung dominieren. Die Ich-Auflösung wird schwieriger, der Kontakt mit den tief im Innern schlummernden Emotionen oder Trieben dadurch ebenso. Das Bewusstsein, das sich mit Helden wie Theseus entwickelt, lässt sich gar nicht mehr so tief ins Unbewusste ein. Haben sie zu starke Angst, ihr Bewusstsein zu verlieren, wenn sie ihren Trieben nachgeben, zu stark tierhaft-animalisch zu werden, all die Errungenschaften des Bewusstseins zu verlieren?

2.

Im minoischen Kreta scheinen Männer den Frauen ebenbürtig oder jedenfalls fast ebenbürtig gewesen zu sein. Bei den Stiersprung-Wettbewerben nahmen beide Geschlechter teil und dem Vernehmen nach regierte nicht nur ein Priesterkönig, sondern auch eine Priesterkönigin. Die Göttin Kretas war indes allein Ariadne und der geopferte Stier war immer männlich. Aber Frauen waren nicht bloß auf die matriarchale Mutterrolle fixiert, sondern der Typus der Dame als Weiterentwicklung des alten

Heros-Göttin-Schemas war entstanden. Als Dame war die Frau aber ein sexuelles Wesen, der Mann wiederum nicht einfach nur ein Sohngeliebter, sondern ebenfalls sexuell erwachsen (siehe "Lilienprinz"). Im minoischen Kreta fand man ferner keine Burgen, sondern Paläste, anscheinend keine sozialen Hierarchien (Paläste wurden übergangslos neben großen Wohnhäusern gebaut, Sklaven kannte man keine, wie nachher in Griechenland[106].). Die Kultur wird als spielerisch, lustvoll und als elegant-graziös bezeichnet. Griechische Kultur favorisierte hingegen den Kampf, das Athletentum, das Klar-Strukturierte.

In diese minoische Gesellschaft und Zeit siedle ich das *anima-geprägte Paar Ariadne-Dionysos* und damit ein weiterer Paararchetyp an. Diesmal war es kein sterbliches, sondern ein göttliches Paar, das wir im minoischen Kreta vorfinden, somit sind die rein idealen und rein gefährlichen Seiten beide vorhanden. Das ist für Menschen nicht einfach lebbar, höchstens phasenweise. Wer diesen Weg beschreiten will, kann also nur phasenweise vom Gott Dionysos und von der Göttin Ariadne inspiriert werden.

Merkmal dieses anima-geprägten Paares ist die orgiastische Haltung, die von Eros, Chaos, Wut, Leidenschaft, über Entgrenzung, Einheit mit Natur und Kosmos, Ergriffensein, Prophetie bis hin zu Raserei und Zerstörung reicht und dabei tief ins Wurzelwerk des Unbewussten hinabführt. Das animus-geprägte Paar Theseus-Ariadne ist hingegen von Werten wie Logos, Tat, Klarheit, Struktur, Entschiedenheit (Verrat?) geprägt. Dionysos als "weiblicher" Gott entspricht insofern den griechischen Idealen weniger als Apollo. Auch die Tanzformen (Geranostanz von Theseus versus dionysische Tänze) zeigen die großen Unterschiede.

---

[106] Carola Meier-Seethaler, *Ursprünge*, 1988, S. 178.

Die dionysischen Frauen, mit Ariadne an der Spitze, betrachte ich als Animafiguren. Was man von ihnen weiß – das ist nicht viel –, ist, dass sie geheimnisvolle, aber auch unberechenbare Seherinnen sind, schöpferisch und dem Unbewussten gegenüber wenig voreingenommen. Dionysos ist ein sehr intensiver Gott. Es stellt sich die Frage, was geschehen würde, wenn Männer Dionysos in sich entdeckten, und zwar nicht einfach nur im Alkoholrausch? Und was bringt Dionysos den Frauen? Dionysos löst in den Mänaden u.a. die "mania" aus, die (Liebes- und Zornes-)Wut, die heilsame Raserei bis hin zur blinden Zerstörungslust, also die archetypische Wut. Hat diese mit dem Animus zu tun? Wieweit ist man dann noch beziehungsfähig?

Das Unbewusste übernimmt bei den dionysischen Ritualen die Oberhand, die Regression geht ohne Aufschub vor sich. Als Form entspricht diesem Vorgang *die Spirale* (weibliches Zeichen). Die Drehung wird hier vollendet, auch der Salto über den Stier zeigt diese runde Form an. Diese Form ist absoluter, ausschließlicher. Denn wenn das Bewusstsein aufgibt und der menschliche Körper geöffnet wird, damit der Gott und die Göttin einziehen können, ist auch die Gefahr der Inflation, die Psychosegefahr vorhanden. Die Regression ist in der männlich geprägten Kultur nicht mehr total und vollständig, sondern nur noch partiell vorhanden. Beim Labyrinth wird ja der Zyklus unterbrochen, die Drehung nicht mehr vollendet, das Bewusstsein kämpft gegen Unbewusstes an oder bildet Barrieren. Die Regression geschieht langsamer, die Triebe werden stärker unter Kontrolle gehalten. In der weiblich geprägten Kultur herrscht hingegen das Prinzip des *Zyklus*, der rhythmischen Wiederkehr des Immer-gleichen, was in Festen, Ritualen und Feiern symbolisch (analog) dargestellt wird.

Doch was heisst das genau? Bei diesen Feiern werden Opfer gebracht, das bedeutet, ein Teil des Erreichten wird wieder geopfert, damit das Leben weitergehen kann. Das Leben erneuert sich durch religiöse Opferhandlungen, z.B. eines Stieres, der durch die Hand eines Priesters mit Stiermaske stirbt und somit symbolisch Werden und Vergehen der Natur ausdrückt. Wenn dieser Priester in den Augen der Griechen der Minotauros ist, dann stirbt dieser Priester durch die Hand Theseus. Damit stirbt fortan und künftig auch die Opferhaltung innerhalb eines Paares, im Sinne der Wiedergeburt von beiden. Theseus ist im übrigen der einzige im Labyrinth – ob Dionysos, Ariadne, Minotauros, Mond oder Stern – der sich bewegt, indem er das Labyrinth durchschreitet und handelt. Alle übrigen bleiben an Ort und Stelle.

Die sterbliche Ariadne unterstützt diesen Prozess, wohlgemerkt. Sie entscheidet sich, einen Mann einzuweihen in die Geheimnisse der großen Mutter, darin, wie man mit dem Unbewussten umzugehen hat und entscheidet sich damit zur Menschwerdung, das ist ein Schritt für das Ich. Dennoch widersetzt sie sich schließlich Dionysos nicht. Hat Theseus zu wenig Eros für sie, zu wenig tiefen Kontakt mit dem Unbewussten?

3.

Im Mythos tauchen zwei Paare auf: ein menschliches und ein göttliches. Das erste Paar – Theseus-Ariadne – weist einen gut entwickelten Animus auf, der Kontakt zu Anima und Selbst ist ebenfalls vorhanden, aber die Vereinigung misslingt letztlich. Beim zweiten Paar – Dionysos-Ariadne –glückt die Vereinigung, der Kontakt zur Anima und zum Unbewussten ist stark entwickelt, der Animus weniger.

Ariadne ist eine Person mit weitem Spektrum im Mythos: sie ist zugleich menschlich und göttlich, sie ist eine Liebende, aber auch eine Liebes-, Vegetations-und Mondgöttin, sie kann ihren Animus, wie ihre Anima entwickeln. Es scheint, als haben Frauen größere Wandlungsmöglichkeiten als Männer, als fallen ihnen Übergänge leichter. Um den Preis der Passivität?

Im Unterschied dazu zeigt der Mythos zwei unterschiedliche Männerbilder. Theseus gibt das Bild eines Mannes ab, der triebbeherrscht seinen Logos entwickelt, während Dionysos das Prinzip des Eros lebt, umgeben von seinem Schatten, den *Satyren*, und sich von der Ekstase forttragen lässt. Da stellt sich die Frage, ob eine Bewusstseinsentwicklung erfolgen kann, wenn man sich dionysisch tief ins Unbewusste einlässt und belebt wird, ob sich noch eine Motivation für Bewusstseinsschritte ergibt, ob Kunst, Kultur, Wirtschaft und Politik libidinös besetzte Ziele bleiben. Anders gedreht: Was geschieht mit Theseus, wenn all seine Werke erstarren, wenn er selber versteinert, wie es ihm ja passiert.

Dreh- und Angelpunkt scheint immer wieder Ariadne zu sein, die beides will: Logos und Eros, Theseus und Dionysos. Ein Entweder- Oder scheint also nicht sinnvoll zu sein, sondern ideal wäre vielleicht für ein Paar einmal mehr anima-betont, einmal mehr animus-betont zu leben, im Sinne zeitlich aufeinanderfolgender Phasen.

5. Literatur

Anonym, "Mein Ausstieg aus der Drogenwelt", *Magazin*, Nr. 23/ 1996.

Balz-Cochois, Helgard, *Inanna, Wesensbild und Kult einer unmütterlichen Göttin, Studien zum Verstehen fremder Religionen*, Bd. 4, Gütersloh: Güterloher Verlaghaus, 1992.

Bauer, Wolfgang, Dümotz, Irmtraud, Golowin, Sergius, *Lexikon der Symbole*, 5. Aufl., Wiesbaden: Fourier, 1984.

Brehms Tierleben, neu bearbeitet von Wilhelm Bardorff, Berlin: Safari, 1964.

Burkert, Walter, *Griechische Religion der archaischen und klassischen Epoche*, Stuttgart: Kohlhammer, 1977.

Cipolla, Gaetano, *Labyrinth. Studies on an Archetype*. New York: Legas, 1987.

Eliade, Mircea, *Das Heilige und das Profane. Vom Wesen des Religiösen*, Frankfurt/Main: Suhrkamp, 1990.

Fink, Gerhard, *Who's who in der antiken Mythologie*, München: dtv, 1993.

Göttner-Abendroth, Heide, *Die Göttin und ihr Heros*. 10. erw. und überar.Neuauflage, München: Frauenoffensive, 1980.

Jaskolski, Helmut, *Das Labyrinth. Symbol für Angst, Wiedergeburt und Befreiung*, Zürich: Kreuz, 1994.

Jung, C.G., „Heros und Mutterarchetyp," in *Symbole der Wandlung*, GW 8, 2. Aufl., Olten: Walter, 1987.

Jung, C.G., *Archetyp und Unbewusstes*, 2. Aufl., GW 2, Olten: Walter, 1987.

Jung, C. G., *Über die Symbole des Selbst*, GW 5, Olten: Walter, 1984.

Jung, C. G. Mandala. *Bilder aus dem Unbewussten*, 7. Aufl., Walter, Olten 1987.

Jung, Emma, *Animus und Anima*. Überar. und hrsg. von Lilly Jung-Merker, Elisabeth Rüf, 4. Aufl., Fellbach-Oeffingen: Bopnz, 1983.

Hasper, Cornelia, *Wurzeln des klassischen Tanzes und seelische Aspekte des klassischen Tänzers von heute*, Diplomthesis am C. G. Jung-Institut Zürich. Küsnacht 1995.

Hunger, Herbert, *Lexikon der griechischen und römischen Mythologie*, 6. erw. Aufl.,Reinbek: Rowohlt, 1974.

Kast, Verena, *Vater-Töchter, Mutter-Söhne. Wege zur eigenen Identität aus Vater- und Mutterkomplexen*, Zürich: Kreuz, 1994.

Kast, Verena, *Die Dynamik der Symbole. Grundlagen der Jungschen Psychotherapie*, Olten: Walter,1990.

Kast, Verena, *Freude, Inspiration, Hoffnung*, Olten: Walter. 1991.

Kerényi, Karl, *Labyrinth-Studien. Labyrinthos als Linienreflex einer mythologischen Idee. C.G. Jung zum 75. Geburtstag gewidmet*, Zürich: Rhein-Verlag, 1950.

Kerényi, Karl, „Neues aus Alt-Kreta", in *Auf Spuren des Mythos*, München: LangenMüller, 1967, S. 256-259.

Kerényi, Karl, „Die Herrin des Labyrinths," in *Auf Spuren des Mythos*, München: LangenMüller, 1967, S. 267-270.

Kerényi, Karl, „Ankunft des Dionysos," in Auf Spuren des Mythos, München: LangenMüller, 1967, S. 271-276.

Kerényi, Karl, *Antike Religion*, München: LangenMüller, 1971.

Kerényi, Karl, *Dionysos. Urbild des unzerstörbaren Lebens*. München: LangenMüller, 1976.

Kerényi, Karl, *Die Mythologie der Griechen*, Band I: *Die Götter- und Menschheitsgeschichten*, 10. Aufl., München: dtv,

1988, Band II: *Die Heroen-Geschichten*, 9. Aufl., München: dtv, 1987.

Kern, Hermann, *Labyrinthe. Erscheinungsformen und Deutungen. 5000 Jahre Gegenwart eines Urbildes*. 3. Aufl. München: Prestel-Verlag, 1995.

Der kleine Pauly. *Lexikon der Antike in 5 Bänden*, Band 1, München: dtv, 1979

Lonegren, Sig, *Labyrinths. Ancient myths & modern uses*, Somerset: Gothic Image, 1991.

Lurker, Manfred, *Wörterbuch der Symbolik*, 4. durchges. und erweit. Aufl., Stuttgart: Kröner, 1988.

Mann, Ulrich, *Theogonische Tage. Die Entwicklungsphasen des Gottesbewusstseins in der altorientalischen und biblischen Religion*. Stuttgart: Klett, 1970.

Meier, C.A., „Spontanmanifestationen des kollektiven Unbewussten," in *Experiment und Symbol. Arbeiten zur komplexen Psychologie C.G. Jung*, Olten: Walter, 1975, S. 31-55.

Meier-Seethaler, Carola, *Ursprünge und Befreiungen. Eine dissidente Kulturtheorie*, Zürich: Arche, 1988.

Neumann, Erich, *Ursprungsgeschichte des Bewusstseins*, 1. Aufl. Zürich: Rascher, 1949.

Otto Walter, F., *Dionysos. Mythos und Kultus*. 3. Aufl., Frankfurt: Klostermann, 1960.

von Ranke-Graves, Robert, *Griechische Mythologie. Quellen und Deutung*. Reinbek: Rowohlt, 1987.

Riedel, Ingrid, *Die weise Frau in uralt-neuen Erfahrungen*. München: dtv, 1995.

Schweizer-Vuellers, Andreas, *Gilgamesch. Von der Bewusstwerdung des Mannes. Eine religionspsychologische Deutung*, Dissertation. Zürich: Theologischer Verlag, 1991.

Senensky, Sylvia Shannon, *The Labyrinth: A Temenos for Analysis*. Diploma Thesis Zürich: C.G. Jung-Institut, 1994.

Wosien, Maria-Gabriele, *Tanz im Angesicht der Götter*. München: Kösel,1974.

www.ingramcontent.com/pod-product-compliance
Lightning Source LLC
Chambersburg PA
CBHW072233170526
45158CB00002BA/874